天間」を終わらせるために

ない最大の元凶は本土の沖縄に対する「差別」的意識と無関心

和　桜美林大学大学院特任教授

桜美林学園出版部

◎扉写真は本文18頁、「橋本元総理『沖縄の回想』」より

序文……5

第一章　沖縄県民意の変遷と変容

1. 第一期（1945〜95）……11
▼敗戦（1945）から沖縄本土復帰（1972）・戦後初の保守県政の成立（1978）を経てレイプ事件（1995）まで
2. 第二期（過渡期：1996〜2004）……21
▼SACO合意（1996）から普天間のヘリコプターの沖縄国際大学への墜落（2004）
3. 第三期（2005〜）……27
▼民意〈県外・国外〉移設の支持急増大から新たな「沖縄アイデンティティ」の覚醒
4. 「沖縄クエスチョン（Okinawa Question）」とは何か……44

第二章　「普天間」を終わらせるために
――普天間の真実と提言「海兵隊移設プラン」

1. 普天間移転：解決のカギを握る五つの現実……54
虚構のコンセプト…　真実のコンセプト…

2．海兵隊移設プラン：橋本プロポーザル……62
ロードマップ（要約）
3．結論：沖縄を平和と繁栄の「要石」に……66

参考文献……68

おわりに……70

資料1　沖縄基地問題と普天間関連年表……75
資料2　「沖縄クエスチョン」日米行動委員会——主な活動実績……77
資料3　文書類……78
1 SACO中間報告〈仮訳〉
2 日米同盟：未来のための変革と再編〈仮訳〉
3 再編実施のための日米のロードマップ
4 共同発表：日米安全保障協議委員会（「2＋2」）〈仮訳〉
5 共同発表：日米安全保障協議委員会（「2＋2」）〈仮訳〉
6 日米安全保障協議委員会共同発表：より力強い同盟とより大きな責任の共有に向けて〈仮訳〉

序文

「それは『差別』（Discrimination）ではないですか！」

一人の女子留学生が目の前のケビン・メア（Kevin Maher）沖縄総領事に言い放った。引率者の私の方がドキッとして会場の参加者（政策研究大学院大学の学生18名、副総領事、地元有識者など）の顔を見渡した。

ところが学生たちはこの発言に誰も異論を挟まない。それどころか、彼女の発言に続いて、やはり別の女子留学生が「あの美しい海を埋立て、新しい基地を建設することは、アジア諸国との『関係』を悪くするのではないですか！」（ちなみに学生参加者の男女別を見れば、女子はベトナム、インドネシア、ミャンマー、中国、マレーシア、カザフスタンの8名）。

この光景は、1999年より沖縄の協力を得て私が勤務していた政策研究大学院大学の私の研究室が企画・実施してきた「沖縄フィールドトリップ」の那覇市内の会場（2007年8月6日）での一場面である。冒頭に総領事が、米国と沖縄との「関係」がいかにうまくいっているかを説明し、さら

2007年8月6日沖縄フィールドトリップ講演及びディスカッション後、政策研究大学院大学の留学生との記念撮影。下段中央が筆者とメア総領事（那覇市内ホテル）

に「米軍の駐留基地は地元に歓迎され、日本やアジア諸国の安全保障に大きく寄与してきた。従って、今後も引き続き現在の基地を維持していきたい」との発言を受けて、冒頭の発言がなされた。

学生たちが事前に沖縄の歴史やレイプ事件やヘリコプター墜落などの事実を知っていたことは言うまでもない。総領事はその後も学生たちとの討論の受け答えを淡々とこなし、微笑さえ浮かべて終了したのを今でもよく覚えている。

この時、私の脳裏に焼き付いた言葉が「差別」と「関係」である。

仏教哲理を紐解くようで恐縮だが、二つの「個」や集団（ここでは沖縄と本土）の間に「関係」が先にあって、「差別」がおこるのではない。両者のどちらかが「差別」の感情を持つに至ったとき初めて両者の「関係」が生まれ、「自己―他者『関係』」（★1）が機能する。

「差別」の感情が民意となったのが、現在の沖縄の人たちの強い「辺野古埋立ての新基地建設の反対」である。「『普天間の閉鎖・撤去』という沖縄側の要求に対し、政府は『県内移設』から動けずにいる。この関係が変わらない限り『普天間』は終わらない」（毎日新聞政治部著『琉球の星条旗——普天間は終わらない』講談社、2012年12月、プロローグの上野央絵現政治部副部長の記述より。傍点は筆者）

2年経った現在も基本構図は変わらない。ただし、引用文の〈沖縄側〉を〈沖縄県民側〉に差替えなければならない。その理由は、2013年12月27日〈沖縄側〉仲井《なかい》眞《ま》弘多《ひろかず》知事が突如「辺野古」埋立て反対の方針を撤回して、賛成・容認へと舵を切ったからである。

〈沖縄側〉と〈政府側〉（日本）との「関係」の歴史は長い。琉球王国（1429―1879）の時代から数えても580年が過ぎた。この事実を踏まえたうえで、この小論文は第二次世界大戦後（1945～）特に普天間基地問題が動き出した1995年以降の「民意」の動向に焦点を絞って分析している。ここで言う「民意」とは沖縄県民意識である。「民意」の動向に焦点を絞ってとは、沖縄の

★1……「人はふつう、自分と相手がいて、出会いがおこると思うだろう。しかし実際に出会わない限り、『私』も『あなた』もないであろう。出会って初めて相手を『あなた』と認知し、その認知が『私』の意識を触発するのである。順序が逆なのだ。『私』と『あなた』が『出会う』のでなく、『出会い』がおきて、『私』と『あなた』がそこに成り立つのである。とすれば、『出会い』は二つのものの結びつきと考えるよりも、むしろ間が開かれることだろう。『関係』とは出会いであり、出会いは矛盾の発生でもある。（南直哉現恐山菩提寺院代著『日常生活のなかの禅』講談社選書メチエ、2001年）

人たちの「民意」と日本・米国の両政府との「関係」を論じる視点に立つことである。一方の側の感情に流されずに、「関係」のあり方を客観的に分析することは容易ではない。

しかし、現在の「関係」の構図が続く限り、「差別」は消えず、日米両政府の「関係」がやがて悪化することになる。それでは、周囲の反対を押し切って、「普天間」返還決定という歴史的扉を開いた（1996年2月23日　米国サンタモニカの会談）橋本龍太郎元総理、ビル・クリントン元大統領に報いることにならない。

冒頭に留学生が発言した沖縄への「差別」の根源は今もっとも真剣に沖縄県民側が本土の人たちや政府側に「問」い続けている（「沖縄クエスチョン」）ことであり、これから述べる「不自由・不平等・不公正」に対する「問」いである。この「差別」の根源を断ち切ることこそ「普天間」が終わる日である。その時が、琉球の星条旗に代わって「自由・平等・公正」の旗が沖縄に掲げられるであろう。

第一章　沖縄県民意の変遷と変容

第一章は、第二次世界大戦の終了以降の沖縄の歴史、中でも米軍基地の駐留に対する沖縄県民と米国・日本との間の70年に及ぶ闘争の歴史を考察する。以下今日までの歴史を民意の視点に立って第一期から第三期の時期に分けて考察することにする。

第一期（1945〜95）の前半は、1945年に占領された沖縄が、72年の日本復帰・戦後初の保守県政の成立（1978）までを考察する。それに続く第一期の後半は、95年の小学生レイプ事件に至るまでのさまざまな差別と負担を沖縄県民に強いた事実を考察する。

その上で第二期（1996〜2004）は、レイプ事件をきっかけとして、翌年の1996年4月15日、普天間基地の返還を決めた「沖縄に関する特別行動委員会（SACO: Special Action Committee on Facilities and Areas in Okinawa、1995年11月に設置）中間報告の合意〔資料3の[1]〕から辺野古移設（新設）を実現しようとする日米両政府に対し、あくまでも県民は普天間基地の返還を求めて日米両政府と沖縄県民の闘争の歴史を検証する。この第二期はいわば第三期への過渡期として位置づけられる。なぜならば沖縄基地の「全面撤去」や「整理縮小」の民意の流れがさらに大きく動いて2005年以降、「県外・国外」への主張をし始めるまでの分水嶺の時期となるからである。

第三期（2005〜）は普天間基地に隣接する沖縄国際大学へ普天間のヘリコプターが墜落（2004）したのをきっかけとして、2005年以降、もはや普天間基地の県内移設では納得せず、県外・国外への民意が醸成され膨張していく過程である。日米安全保障協議委員会（SCC: Japan-United States Security Consultative Committee、通称「2＋2」）は在日米軍の兵力構成の見直しに向けて協議した（2005年10月29日、日米同盟：未来のための変革と再編）。このとき初めて「双方はキャンプ・シュワブの海岸線の区域とこれに近接する大浦湾の水域を結ぶL字型に普天間代替施設を設置する」ように協議することが明記された。

さらに再編実施のための日米ロードマップ（2006年5月1日）において「普天間飛行場代替施設を辺野古岬とこれに隣接する大浦湾と辺野古湾の水域を結ぶ形で設置し、V字型に配置される……」ことを明記してほぼ現在に至っている。

稲嶺県政（1998〜2006）は、大田革新政権からバトンタッチを受けて、保守系知事として、県経済の振興と基地の過重負担の軽減・普天間基地の15年使用期限などを訴えて、普天間の移設に努力した。その後を受けた仲井眞県政（2006〜）は、第一期目は、条件付き辺野古移設に賛成して当選を果たしたが、二期目（2010〜）は一転して「県外・国外移設」を公約として当選した。「県外・国外」移設への民意が主流となった変化に対応したのである。ところが、2013年12月27

日に辺野古への新基地建設のための海域の埋立てに合意して、第三期目の知事選（２０１４年11月16日）に立候補して現在に至る。

1. 第一期（1945〜95）

▽敗戦（１９４５）から沖縄本土復帰（１９７２）・戦後初の保守県政の成立（１９７８）を経てレイプ事件（１９９５）まで

軍事占領と民主化の遅れ

多くの沖縄の人達は、今日も自分たちは本土から置いてきぼりにされたという感情を抱いている。このことについては後の民意調査によって検証していく。私たち自身が沖縄の人達が根源的に抱く感情を理解するには、第二次世界大戦後の沖縄の真実の「歴史」を知らなければならない。

翻ってみれば、米国は第二次世界大戦中から大戦後の冷戦時代の幕開けを予測して、沖縄を対ソ・中の非常に重要な先端基地とすることを計画していた。

米軍による沖縄占領政策は、日本の敗戦（１９４５・８）より数か月早く始まった。

１９４９年以降、米国の占領政策は、アジア大陸の膨張する共産主義の脅威に対抗するために対日政策の基本路線を「民主化」から「復興」へと転換していったことはよく知られている。しかしながら、占領下の沖縄はその後も「民主化」されず、県民は民主主義の恩恵を十分に享受することはできなかった。「不平等・不公正」な日米地位協定がいまだに温存されているのは典型的な実例といえる。

さらに、1952年4月28日、日本はサンフランシスコ平和条約が発効され、本土は独立国としての主権を回復したのに対し、沖縄・奄美・小笠原は日本から切り離され米軍の施政権下に置かれた。この日から72年5月15日に沖縄が日本に返還されるまで沖縄は日本ではなくなったのである。

ここで、米軍基地が維持されなければならないため、沖縄に過重負担を強いた結果、戦後沖縄の民主化の遅れとなって今日の状況を招いていることを指摘しておかなければいけない。民主化の遅れとは具体的に次のような歴史的事実を指している。

第二次世界大戦の敗戦によって米国の占領下におかれた沖縄において、立法（立法院）、行政（行政主席）、司法（裁判所）の三権分立による民主化政策は、実質的には何ら行われず、沖縄人の人権は無視されたままであった。

住民土地を強制接収

その代表的具体例を挙げてみよう。米国政府は、1953年に「土地収用令」を公布し、その後無理やりに住民の土地を強制的に接収していったことが挙げられる。家ごと「銃剣とブルドーザー」によって農民や個人の土地を奪っていったのである。まさに「自由」が、はく奪され「不自由」な環境におかれたのである。

今、問題となっている普天間基地がなぜ基地の中に街があるといわれるのか。元々、住んでいた住民の土地を強制的に接収して、普天間基地が作られたからである。

「米軍にとって沖縄は極東の軍事基地としてもっとも重要な地域である」とアメリカ議会に報告されたプライス勧告（１９５６）後、軍事基地として使用するために沖縄の土地は、どんどん奪われていくことになる。以降、本土とは違った沖縄特有の政治の対立図式ができ上がっていく。すなわち、一方は、米軍基地の使用を認めて、政府が住民の土地を借用してその代金を住民が受け取るという、生活をするためには日米両政府の方針に従うという立場である。もう一方は、あくまでも米軍支配からの脱却をめざすという立場である。前者が保守派、後者が革新派となって沖縄の政治を二分化し、今日までの沖縄政治対立の基本的構図を形成したのである。

米軍駐留下の相次ぐ惨事

この間も、米兵による婦女暴行事件、被害者の人権を無視した交通事故の裁判、ジェット機の墜落、実弾演習による自然環境の破壊、騒音被害など後を絶たなかった。いずれも民主主義の根幹たる三権分立は実質的に機能しなかった。

沖縄住民が民族主権を要求して、祖国復帰運動へと展開していったのも自然の成り行きである。安保改定がなされた１９６０年4月28日には、「沖縄県祖国復帰協議会」（復帰協）が結成され、「祖国復帰」を望む県民の願いは次第に大きくなっていく。68年には、初の主席選挙が行われ、革新共闘の屋良朝苗《やらちょうびょう》が基地の「即時、無条件、全面返還」を主張して保守の西銘順治《にしめじゅんじ》を破って当選を果たした。

基地の膨張・固定化とコザ暴動

この間に、日本本土の米軍基地は4分の1に減少したが、沖縄基地は逆に2倍近くに膨れ上がった。現在の海兵隊も本土（山梨、岐阜）から沖縄に移設・集中され、普天間基地は海兵隊基地としてより強固なものとなる。

一方、日本本土は、敗戦の傷跡から立ち上がり、60年安保改定以降、国民は高度経済成長路線の恩恵に与ることができた。

これに対し、沖縄は極端な基地依存経済を余儀なくされ続けた、経済発展においても本土との決定的な〝遅れ〟が今日まで尾を引くことになった(★2)。なかでも、コザ市（現沖縄市）は、米軍嘉手納飛行場と陸軍キャンプを抱え、米軍人・軍属による殺人・強盗・強姦などの凶悪犯罪を始め様々な悲惨な事件が引き起こされた。住民とのトラブルも後を絶たなかった。

その頂点となる騒動が1970年12月20日未明に起きた。いわゆる「コザ暴動」（Koza Riot）である。この事件は、米兵が日本人を轢《ひ》いて、けがを負わせることから始まった。多くの米人車両が焼き討ちに遭い、地元の群集500人が暴徒と化した。

沖縄の本土復帰の期待外れ

その時、すでに佐藤・ニクソン共同声明で日米両国は、沖縄の「核抜き・本土並み・72年返還」が合意されていた（1969年11月21日）。70年のコザ暴動が、72年の本土復帰に当時の沖縄県民の不満意識が反映されていたとは思えない。

朝日新聞社が復帰後1周年（1973年5月15日）をどんな気持ちで迎えたのかの問いに、62％の県民は「期待外れ」と答えている。

1972年の本土復帰は、県民の熱い期待の中で達成された。しかし、県民の期待とは裏腹にその内容は、米軍基地を県内に維持したままの「核抜き・本土並み」と非核三原則の拡大解釈によるものだった。沖縄県民側からの視点に立ってみれば、基地経済による潤いがあるとはいえ、住民の危険性、騒音被害、環境破壊は日米安保条約の下で放置され続けた。この間、本土の人々は沖縄の現実に背を向け自分たちの日常の平和と安全は沖縄基地があってのことだという認識が欠如していたに等しい。

復帰後初の保守県政の誕生

復帰後に実施された県知事選挙でも、引き続き革新の屋良朝苗氏が選出された。しかし、経済不況

★2……今まで、述べてきた民主化、経済成長の恩恵、三権分立等さまざまな本土との〝遅れ〟が今日まで続き、いまだに追いついていない。このことが本土と沖縄が「同事」でない関係を生んでいる。「同事」と言えば、それは不違（たがわない、そむかない）なりで、自（本土）、侘（沖縄）の区別も差別も立てないことを意味する。

『同事』というは不違なり、自（じ）にも不違なり、侘（た）にも不違なり」（『修証義』第四章）。

［問］在沖米軍基地について「整理縮小すべきか、全面撤去すべきか」

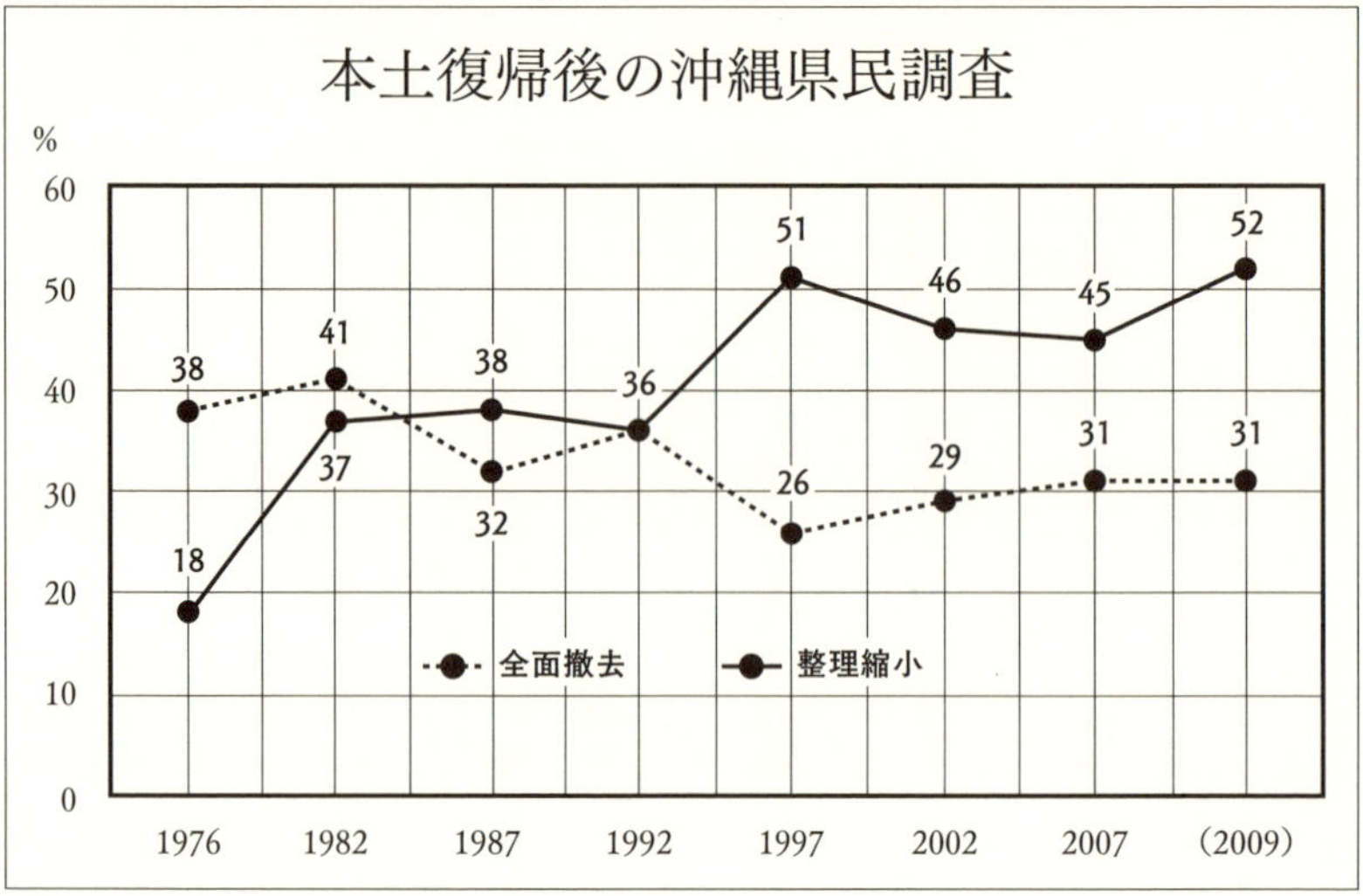

出典：琉球新報・本土復帰後の沖縄県民調査（5年ごとの電話によるRDD方式の世論調査／サンプル数1500人）
※「全面撤去」の表現は、原文のまま。「全面縮小」は、調査年によって問い方の表現が異なっており、統一して「整理縮小」と表現した。「撤去」とは、基地を沖縄から全面的になくすことを意味している。

による失業問題、一向に改善しない基地状況に業を煮やした沖縄県民は、1978年の選挙で衆議院議員（自民党）の西銘順治氏を当選させ、復帰後初の保守県政（1978～90）を誕生させた。第一期後半の始まりである（1978年）。

経済不況に苦しむ県民は、中央政府と直結した保守派知事を選出することによって、本土からの企業誘致と地域開発に期待をかけたのである。大型プロジェクト主導の地域開発は、沖縄国際センター建設（1985年）、県立芸術大学開校（86年）、世界のウチナーンチュ大会開催（90年）などにみられるように一定の成果を収めた。その一方で、企業誘致は成果をあげたとはいいがたく、財政依存型の経済構造は改善されなかった。こうした中で、1990年の選挙で再び革新候補の大《おお》田《た》昌秀《まさひで》知事が誕生することになる。基地の整備縮小が大田県政の最大の行政課題であった。しかし、米軍による実弾砲撃演習、軍事訓練による自然環境の破壊や相変わらずの米軍人などによる事件・事故が多発した。

女子小学生レイプ事件の発生

こうした中、1995年9月4日、3人の米兵による12歳の女子小学生レイプ事件が起こった。県民の怒りと不満は頂点に達し、「日米地位協定の見直しと基地の整理縮小」を求めて島ぐるみの運動となった。さらに、自分の土地を米軍に提供することを嫌がる地主に対し、日本政府は強制使用を認めた。日本政府は、沖縄県知事に代理署名を求め、土地の提供を迫ったが、大田知事はこれを拒否した。「日米地位協定の見直しと基地の整理縮小」を政府に求め続けた。

第一期の民意の変遷を「全面撤去」か「整理縮小」かのあえて二者択一の質問をしてみると、第一期の前半（1945～78）は「わからない」や未回答が多い中で、「全面撤去」派が「整理縮小」派を上回っていた。復帰後の第一ステージ後半（1978～95）は両者が拮抗することになる（グラフ参照）。

全面撤去と対で「整理縮小」という場合は、県外（国内）移設及び国外移設を意味する。

橋本元総理「沖縄の回想」

「沖縄クエスチョン」の第一回会合は2003年10月21日～22日、財団法人日本国際問題研究所

2003年10月21、22日に開催された「沖縄クエスチョン2004」ワークショップでの1コマ─橋本前総理をお呼びし、基調講演をいただいた。右は筆者。（日本国際問題研究所会議室）

（現公益財団法人／当時：佐藤行雄元国連大使理事長）でワークショップとして開催された。

その時の基調講演者（★3）をお願いし、引き受けてくれた方が橋本龍太郎前総理（当時）であった（基調講演録は、沖縄クエスチョン2004英語版『沖縄の回想』に収録）。

現在も実現していない「普天間移設」の返還をはじめて決定したのは、日本側は橋本龍太郎元総理、米国側はビル・クリントン元大統領であったことは序文で述べた通りである。

当日、ワークショップに参加していた記者席から漏れてきた言葉は、「橋本総理番をやっていたけれど、こんな素晴らしい話は初めて聞かせてもらった」であった。

以下、当日、私のメモしたノートを読み返してみた（「　」の発言はすべて橋本元総理、（　）は筆者が記す）。

「第二次世界大戦での沖縄県で、かわいがってもらった年上のいとこが南西諸島方面で行方不明という戦死公報をもらいました。母からゲンザブロウ兄さんが亡くなった南西諸島というのは、つまりこの沖縄のことなんだと教えられ、どちらかというと沖縄より南西諸島という言い方のほうが先だったように思います」

「……その時期（1995年）に、あの有名な少女暴行の事件が起き、久方ぶりに沖縄と本土政府、在日米軍との内に緊張関係が露出したと申し上げてよかったと思います」

「サンタモニカで初めてクリントン大統領に首脳同士としてお目にかかる前、どうしても私が会いたかったのは、当時の沖縄県知事の大田さんでした。……私と考え方、立場は違いましたが、あの時、大田さんは非常に率直に本音で接してくださったと思っています」

「大田さんは……、普天間基地の危険ということに絞り込んで、その普天間基地の移転というものが、毎日の事故などを心配する場合にどうしても必要なんだということを本当に力説されました」

「ビル・クリントンという男、非常に真剣にその話を聞いてくれたということをとても嬉しく感じました。そしてこの人なら、違った角度の話もできる。そう思ったことを今でも鮮明に記憶しております。そして、同時に彼とならその日米安保体制というものをもう一度根底から見直す……そんな期

★3……橋本前総理（当時）は、冒頭に以下のように述べた。「今日、告示直前の選挙運動の忙しい最中で、晃和（こうわ）さんの命令で、今朝は出頭いたしました。ただこの人（橋本晃和）は、ひどい人でして……。こういう後輩を持つと非常に苦労いたします。同じ慶応の、そして一時期剣道部でも一緒でした」。

待を持つようになりました」

「今、その意味では、私が日米安保共同宣言をクリントンとの間に発表できたことが、政治家として、私自身がした、あるいは評価していただける仕事の一つかもしれない、今そんな感じでこれを振り返っています」

序文で述べた「関係」論の立場で述べれば、「橋本―クリントン」関係の前に、実は「橋本―大田」関係があり、橋本元総理の普天間返還の決定に大きなインパクトを持っていたことがわかる。

「(戦争が始まった翌年の)昭和17年の春には、アメリカの国務省の中で、日本の統治計画、戦後の計画というものに着手している……戦略的な価値というものをアメリカがよく知っていた」

「私は今は、この会合の中から本当にいい結論が、そして両国政府に対する良い助言がでてくることを本当に願います」(2003年10月21日　発言のまま)。

2．第二期（過渡期：1996～2004）

▽SACO合意（1996）から普天間のヘリコプターの沖縄国際大学への墜落（2004）

普天間返還合意の決定（1996）と基地「整理縮小」派の増大

レイプ事件に端を発して、1995年11月沖縄における施設及び区域に関する特別行動委員会（SACO）が設置された、翌年の96年4月日米安全保障協議委員会（SCC）開かれ、橋本首相と駐日大使であったウォルター・モンデールとの間で「普天間基地の移設条件返還」が合意され（★4、次々頁参照）、同年12月2日、日米両政府は「今後5～7年以内に十分な代替施設が完成し運用可能となった後、普天間飛行場を返還する」（「SACO最終報告（仮訳）」）ことに最終合意した。

SACO合意は、在沖米軍基地に対する沖縄県民の感情を変える歴史上特筆される大きな節目となる。ここから沖縄県民意の歴史第二期が始まると考えたい。

それは「整理縮小」派が初めて「全面撤去」派を大きく上回ったことにあらわれている。県民意識に徐々に構造的な変化がおこっていたとみるべきであろう。このことを裏付けたのは翌年に行われた知事選挙である。1998年の知事選挙では、保守派の稲嶺恵一《いなみねけいいち》氏が経済振興を全面に打ち出し、普天間基地は県内の「本島北部の辺野古岬近くの大浦湾に面する陸上部分に15年限定で軍民共用空港を建設する」として、現職候補の大田昌秀氏の「県外移設」と対立した。結果は、稲嶺氏の大勝であった。

基地の整理縮小の遅々たる歩みといらだち

しかしながら、SACO合意案は、時間が経つばかりで実現されず県内で漂流し続け、世紀をまたぐことになる。第一回「沖縄クエスチョン」のワークショップ（2003年10月東京）で、普天間基地が現行のままでは、いかに危険かを〝沖縄クエスチョン〟の米国側委員から報告を受けたラムズフェルド国防長官は、2003年11月に沖縄を訪問して、直接に沖縄県内の主要基地を査察して、普天間飛行場の早期移設を指示した。

ヘリコプター墜落と日米ロードマップの決定

この危惧は、翌2004年8月13日、CH−53Dヘリコプターが沖縄国際大学へ墜落して現実のものとなった。05年10月29日、SCC（2＋2）による「日米同盟：未来のための変革と再編」〔資料3の②〕が採択され、さらに06年5月1日、再編実施のための日米ロードマップ（工程表）の決定へとつながっていったことは言うまでもない。

この間（2005年から06年）の事情を少し振り返っておこう。

2005年の（2＋2）で初めて「キャンプ・シュワブの海岸線の区域とこれに近接する大浦湾の水域を結ぶL字型に普天間代替施設を設置する」と初めて明記した。

この時、すでに「沖縄住民が米海兵隊普天間飛行場の早期返還を強く要望し、いかなる普天間飛行場代替施設であっても沖縄県外での設置を希望していることを念頭に置きつつ、双方は、将来も必要であり続ける抑止力を維持しながらこれらの要望を満たす選択肢について検討した」（2005年10月（2＋2）の共同文書）と記されているのである。

★4……小歴史：1996年1月、当時ブルッキングス研究所の上席研究員であったマイク・モチヅキは、彼の沖縄訪問を報告し、沖縄の現状を議論するために、東京の米国大使館でウォルター・モンデール米国大使と2度お会いした。モチヅキ氏が私（橋本晃和）に米政府が普天間基地を日本に返還することを考えているとの報告を受けて、私は橋本龍太郎総理の親同然の信頼者であった石川忠雄（慶応義塾大学）元塾長にお会いして以下のようなメッセージを橋本総理にお伝えしてほしいとお願いした。

それは、ビル・クリントン大統領とお会いする時、日本から普天間基地の日本返還を持ち出してくださいということである。そこで「躊躇しながらも」（のちに総理が私に述べた言葉）意を決して、1996年2月23日カルフォルニア州サンタモニカでクリントン大統領との初めての会談で普天間返還を持ち出したのである。これには後日談がある。なかなか言い出せない日本の首相を横目でみて、大統領が「ミスター龍（りゅう）、君は僕に何か言いたいことがあるのではないか。今、聞いておかなくてはいけないことは他にないか」と助け舟を出した。後日、石川先生のオフィスで、橋本前総理（当時）と偶然お会いした時、「おい、晃和（こうわ）、君の話がウソだったら、竹刀でぶっ飛ばしてやろうと思ってたよ」と言われたのを今も鮮明に憶えている。

翌2月24日に橋本政権下、初の日米首脳会談に臨んだ。当時の総理秘書官であった江田憲司（現維新の党共同代表）衆議院議員によれば、「大統領は『ほかに何か言いたいことはありませんか』と助け舟を出してくれた。それがなければ総理は言えなかった」（『朝日新聞』平成25年6月2日）という。

1996年2月23日、米サンタモニカでの橋本首相、クリントン大統領の日米首脳会談に向けて「普天間」を取り上げるかどうか橋本首相の悩める心境と決断への心の葛藤はその後、多くのメディアの発信によって様々な内容記事が書かれている。

例えば、森本元防衛大臣は「米側で、最初にこの問題を日米間でやりとりしようと考えたのが誰であるか定かでない」（『普天間の謎』海竜社、2010年7月）としたうえで、様々な角度から精緻に書き記している。また、普天間返還発表への過程で、大統領、ペリー国防長官と「同時に大きかったのはモンデール駐日大使の存在だった」（朝日新聞：外岡秀俊「〈検証〉沖縄を語る　橋本龍太郎前首相上下」1999年11月11日、12日）と当時の心境を吐露している。

これが普天間返還の長い歴史の始まりであった。

主要な在沖海兵隊の構成

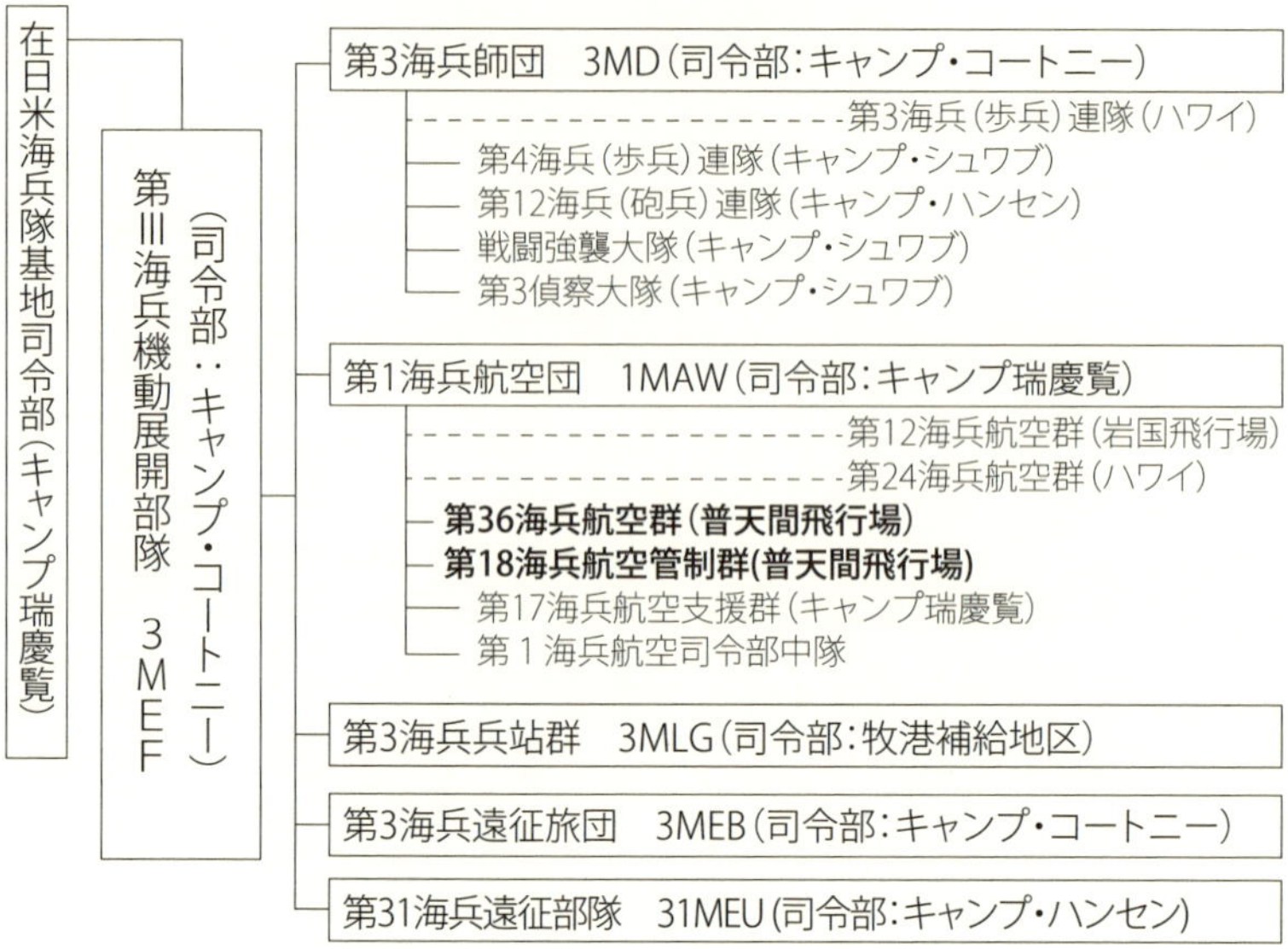

※在日米海兵隊HP、沖縄県知事公室基地対策課「沖縄の米軍及び自衛隊基地（統計資料集）平成21年3月」に基づく

米海兵隊の戦闘部隊は、以下の四つの要素から成り立っている。

1. 歩兵・砲兵など陸上戦闘部隊
2. 攻撃機・輸送機など航空戦闘部隊
3. 建設土木、武器・弾薬・糧食の補給、医療支援などを担う兵站部隊
4. 諜報・通信を含む指令部隊

戦闘を行う際、これら役割の異なる部隊を集め、海兵空陸任務部隊（MAGTF《マグタフ》: Marine Air Ground Task Force）と呼ばれる実戦部隊を編成する。その最大規模のものが海兵機動展開部隊（MEF: Marine Expeditionary Force）である。

米国は三つのＭＥＦ（第Ⅰ・Ⅱ・Ⅲ）を編成している。そのうちのひとつが在沖縄の第Ⅲ海兵機動展開部隊であり、司令部をキャプ・コートニーにおく。

【第Ⅲ海兵機動展開部隊の詳細】

「1.」の歩兵・砲兵など地上戦闘部隊にあたるのが「第３海兵師団」である。

「2.」の航空戦闘部隊は「第１海兵航空団」と呼ばれ、二つの航空群を編成する。ひとつは第 12 海兵航空群で山口県岩国飛行場におく。もうひとつが普天間飛行場を拠点とする第 36 海兵航空群である。

「3.」の第３海兵兵站群は、先の震災において救援活動を行った。人道支援や災害援助活動にもあたる。

第３海兵遠征旅団は〝中規模編成〟の MAGTF（海兵空陸任務部隊）であり、平時には実動部隊を持たない陸上・航空・兵站戦闘部隊から構成される※。

第 31 海兵遠征部隊は、〝小規模編成〟の MAGTF であり、強襲揚陸即応を主な任務とし、海兵隊で唯一常時前方展開している部隊である。

※具体的には前方展開司令部として水陸両用作戦、危機対応、一定の有事作戦の遂行が可能である。

沖縄県の在日米軍施設

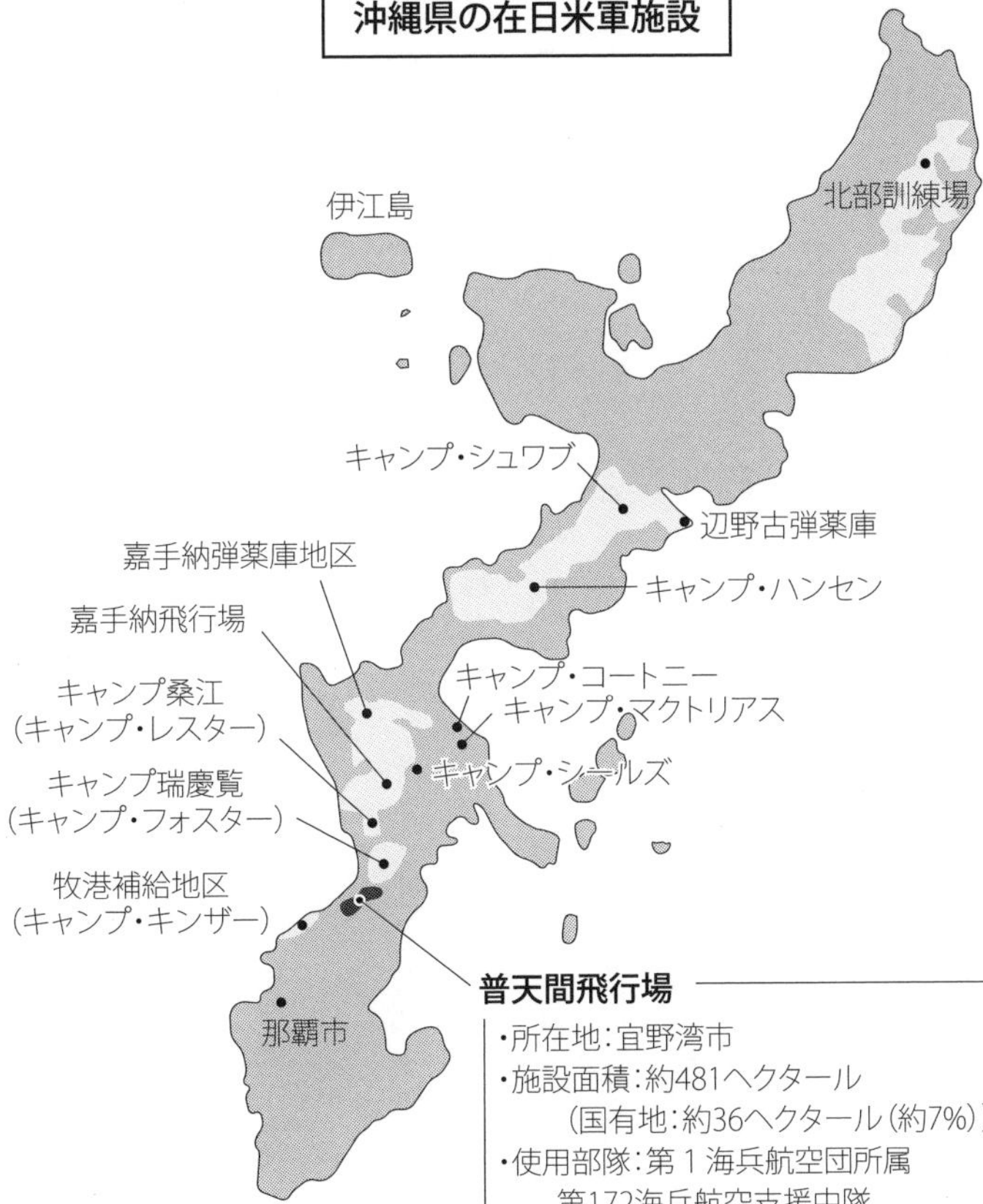

普天間飛行場

・所在地:宜野湾市
・施設面積:約481ヘクタール
　(国有地:約36ヘクタール(約7%))
・使用部隊:第1海兵航空団所属
　第172海兵航空支援中隊
　第18海兵航空管制群
　第36海兵航空群
・配備機種:ヘリコプター(CH-46E、CH-53E、MV-22
　オスプレイ、AH-1W、UH-1Y)
　輸送機(C-12、UC-35)
　給油機(KC-130J)
　※機種は平成26年9月現在、在日米海兵隊HPによる
・主要建物等　建物:管理事務所、格納庫、隊舎等
　滑走路:約2800メートル×約45メートル

(出典:防衛省「在日米軍及び海兵隊の意義・役割について」平成22年2月)

この点に注目して筆者は「沖縄クエスチョン2006」の会議で県外移設に向けた二段階論を提唱した(「沖縄クエスチョン2006」参照)。

「(橋本は)〇六年合意に盛り込まれた『緊急時における空自新田原基地及び築城基地の米軍による『使用強化』を根拠に、新田原、築城が『県外移設先』となり得ると主張。政権交代前に一時浮上した『新田原・築城』案の発案者だった』(前掲書『琉球の星条旗――普天間は終わらない』129頁、( )は筆者補足)

この間、1996年以降からの基本トレンド、すなわち在沖米軍基地についての「整理縮小」派が、「全面撤去」派を上回る傾向に変化は見られない。普天間飛行場代替施設(FRF: Futenma Replacement Facility)が、最終的には、V字型の滑走路を持つ辺野古案に決定した経緯については、本稿では、直接民意が関与しないということで割愛する(★5)。ただ、一言だけ述べれば、この最終案は国内、県内の政治的産物によるものであり、地域振興に名を借りた妥協の産物でもあり、決して日米同盟の深化を目指した外交的、軍事的 Decision-Making による決定とは少々異なるのではないかというのが私個人の率直な思いである。

SACO合意の内容に、普天間返還と嘉手納基地より以南の米軍の5施設の返還がある。極東一と言われる、嘉手納空軍基地他の返還を述べていない。民意の底流にも許容の範囲内で、ある一定の軍事的施設を受け入れる気持ちはずっと持ち合わせている。ところが、「一つ返還すると、次から次へと返還要求がなされ、米国の安保政策が成り立たないのではないか」という危惧の質問が2011年

9月のワシントンにおけるシンポジウムで米国人の政府関係者から質問されたのは意外であった。これは、沖縄基地の真実が知らされていない証左と言える。

3. 第三期(2005〜)

▽民意〈県外・国外〉移設の支持急増大から新たな「沖縄アイデンティティ」の覚醒

第三期は、アジア太平洋を取り巻く安全保障環境も大きく変化し、2012年には在日米軍再編の見直しが発表される。民意の側も、06年の知事選挙の「辺野古移設の条件付き賛成」を最後に、辺野古が所在する名護市長選(2010年、2014年)、知事選(2010年)はいずれも〈県外・国外〉を主張した候補が勝利を収めた。

普天間「海外移設」支持が急増大

県民意の実情のもう一つの大きな特徴は、ヘリコプターが墜落した2004年8月以後、県民の不

★5……辺野古案に決定するプロセスの詳細は、The Okinawa Question Futenma, the U. S. Japan Alliance & Regional Security "Overcoming the Stalemate about Futenma" に詳しい。

[問] 米軍普天間飛行場の返還問題は、どのような解決手法が良いと思うか

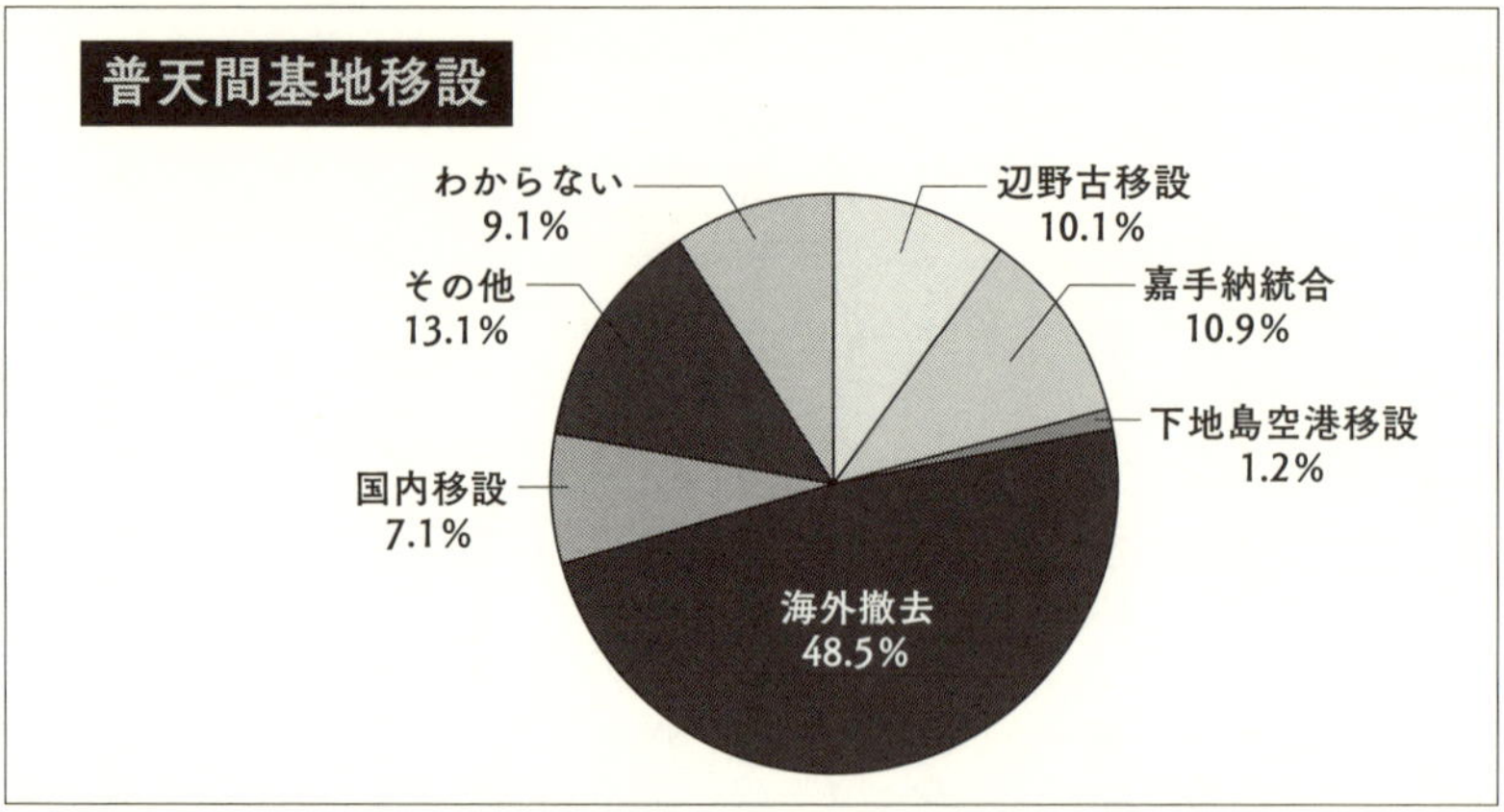

出典：琉球新報・共同通信電話世論調査（2009.8.24）
※調査された時期（2009 年 8 月 20 〜 22 日）は、2009 年 8 月 30 日の選挙の直前である。その後の鳩山首相の〝少なくとも県外〟発言で「国外移設」賛成の民意は定着することになる。

安と不満が鬱積《うっせき》し、沖縄県から日本国内への返還よりも、国外移設を望む民意がより大きくなっていったことである。この民意の変化の発芽は、歴史的に重要な節目として記録されることになるだろう。これまでの全面撤去か整理縮小かという対立図式は、撤去や縮小の論理には、共にその移転先を具体的に論ずることはなかった。県内の自己完結型の発想である。ヘリコプター墜落に端を発して、移転、移設先を論じる民意が顕在化していく。

２００５年の衆院選時の調査結果をみておこう。「海外移設（海外撤去）」は過半数の54・9％、「国内移設は9・2％であった（琉球新報・共同通信社電話世論調査２００５年9月1日〜3日）。

鳩山首相の〝少なくとも県外〟発言のインパクト

再編実施のロードマップの決定（２００６・５）以降も、なかなか実現がはかどらない間に、民意は知らず知らずのうちに県外へとシフトしていった。この潜在的な民意のうねり

を顕在化させたのが、民主党の鳩山由紀夫代表である。２００９年7月19日（総選挙前）、政権交代後のＦＲＦへの対応について初めて県外移設に前向きな発言をしたのである。この発言を受けて沖縄県の民意はさらに大きく揺らぎ、変化していく。

政権交代がおこった総選挙（２００９年8月31日）直前の県民意識を見てみよう（グラフ参照）。民主党マニフェストに掲げた通り鳩山首相はＦＲＦの見直しをはかり、最低でも県外移設を実現したい」と述べて県民意識は昂揚《こうよう》した（★6）。

しかしながら、２０１０年5月鳩山首相が「最低でも県外」の公約を破棄してしまった。この理由の核心的部分はいまだに元総理の口から話されていない。少なくとも言えることは、米国の国家意志を示威する役割を担ってきた海兵隊が沖縄においては第Ⅲ海兵機動展開部隊（III MEF: III Marine Expeditionary Force）の中核として大きな政治力を有していたことと無関係でない。鳩山首相のリー

★6……筆者は、この時期にＦＲＦの見直しに関して、総理と関わりあっていた。以下は事実なので書き記す。「『普天間問題は、平野君（博文官房長官）に任せることにしましたが、いいですか』オバマ大統領との会談から8日後の２００９年11月21日、首相公邸。鳩山首相は旧知の橋本晃和桜美林大学大学院客員教授と向かい合っていた。……略『自分に任せてください。できなければ腹を切る』平野官房長官はこう鳩山首相に宣言した」（毎日新聞政治部著『琉球の星条旗―普天間は終わらない』講談社、２０１０年12月、原文のまま）。

年が明けて、２０１０年2月5日夕刻、筆者は中山義活総理補佐官（当時）を伴って、最後の機会になるだろうと思って官邸で官房長官と1時間近く話し合った。話し合いは予想された通り決裂し、物別れに終わった。

ダーシップや外交戦略の欠如を指摘することは簡単だ(★7)。しかし、民主党政権にはもともと戦略的な政治的外交交渉をしようとする政党としての強い意志と周到な準備はなかったのではないか(★8)。

「沖縄アイデンティティ」とは何か

次の『沖縄アイデンティティ』の新たなる覚醒」に入っていく前に、「沖縄アイデンティティ」とは何か。基本的な理解と考え方を整理しておきたい。

そもそも「アイデンティティ」なるコンセプトは多岐にわたっているが、ここでは、アマルティア・セン(Amartya Sen)に準拠した私なりの理解と考え方から述べてみよう。

『アイデンティティ(Identity)』とは、一個の自由な個人が有する多面的・複層的な概念である」(A・セン著『アイデンティティと暴力(Identity and Violence)』勁草書房、2011年/以下の引用もA・センの多くの出版物からも大きく影響を受けている)

さらに「個人が単一の文化・宗教に基づく『アイデンティティ』に拘束されるのではなく、複数のアイデンティティの中から個人が理性により選び抜くものである」と言う。

本人であること、自己同一性、帰属意識などと訳される「アイデンティティ」の私なりの定義は以下のようなものである。

〝自分たちは何者であるのか〟〝自分は沖縄に帰属しているのか、日本の本土に帰属しているのか〟と自問自答し、自己決断するにあたり「選択の自由」があり、帰属先は複数あってよいのではないか、その上で、琉球（沖縄）の原点に立ち返って、「自由・平等・公正」を主張することが、まさに「沖縄アイデンティティ」だと言いたい。

本稿は不十分ながらそのプロセスの一端を記述したつもりである。

第一期（1945〜95）は、基地の「全面撤去」派の民意が主流であったことは述べた。この民意は、「基地全廃、安保破棄」という単一基準のアイデンティティと言える。しかし、普天間基地の返還の決定が初めてなされた1996年以降、第二期（1996〜2004）は政府の経済振興策を闘争の見返りとしてでなく、肯定的に認めて経済振興していくという立場をとる人が増えていく。具体的には安保を承認しながら、基地の過重負担の軽減と経済振興を両立させるということである。このような〝複眼的〟アイデンティティが目に見えて浸透していった時期を踏まえ、さらに県外・国外移設に目を向けたロードマップ（2005）へと展開する。

★7……民主党政権が誕生した時、オバマ政権下で国家安全保障会議（NSC）アジア上級部長を務めたジェフリー・ベーダー（Jeffrey A.Bader）氏が、鳩山首相の日米同盟へのコミットメント（政治的・外交的姿勢）に大きな懸念を抱いていたことはよく知られている。
「Obama and China's Rise（ブルッキングス研究所2012年）,40-47:for more on how the U.S. perceived Hatoyama's politics and diplomacy.」を参照。

★8……このことを裏付ける例証として鳩山民主党政権内の普天間基地に係わった各閣僚の発言はバラバラであったことにあきれるばかりである。官房長官はホワイトビーチ案を指摘し、外務大臣は嘉手納への統合論を主張し、防衛大臣は最後は辺野古移設案を主張するといった具合である。政権交代前の2008年くらいに沖縄ビジョンを改定し、党として「日米の役割分担の見地から米軍再編の中で在沖海兵隊基地の県外への機能分散をまず模索し、戦略環境の変化を踏まえて、国外への移転を目指す」と明記しているにもかかわらずである。

辺野古移設が決定された後も逆に県外・国外移設派が多数を占めたことこそ、自己のアイデンティティの決断に「選択の自由」を発揮し、複眼的価値志向で、日本にも沖縄にも帰属するいわゆる現在の「沖縄アイデンティティ」が覚醒・成熟していったとみる。このような民意が主流となったのが、現在に続く第三期（2005〜）である。

このことは、以下に述べているように「沖縄」と「本土」との「関係」のあり方に異議を強く申し立てることになった。言い換えれば、「差別」、あるいは「差別的」なことがなされているという「関係」にあるという意識が2010年以降さらに顕著となって、現在の「沖縄アイデンティティ」をなす根源的要素として醸成され今も続いている。

アイデンティティは与えられているものではなく、理性によって「選択できる」のだとすれば、「辺野古埋立て」反対による「沖縄アイデンティティ」の確立を目指す「選択」は本土になぜ通じないのであろうか。

2014年11月16日の知事選は、21世紀の「沖縄アイデンティティ」のあり方を問う「選択」の選挙と言える。しかし、県民がどちらをより多く「選択」しても、その後も沖縄が本土に何を「問」い続けるのか、まさにそのことが「問」われ続けるであろう。『『真実の自己とは何か』という問いに対してその問以外に特別な答えがないこと、問こそが求められている答えである』（南直哉現恐山菩提寺院代談）。

本土側は何を「問」（Question）われているのかの理解は乏しい。何が「問題」（Problem）なのか。

それに答えているではないか。少なくとも負担軽減策を実施しているし、辺野古移設によって危険な「普天間」を移設するではないかと反論するであろう。

ここに沖縄側と本土側との両者の「問」いはズレている。

このズレが大きくなり、放置すれば、単一基準の価値観による「沖縄アイデンティティ」が燃え上がり、鬱積したマグマが爆発しかねないことになる。沖縄側にもあくまでも理性による「選択」を持ち続けてもらいたい思う。

新たな「沖縄アイデンティティ」の覚醒

鳩山首相の辞任（2010年6月4日）直前の県民意識を見てみよう。

辺野古移設について反対が84・1％とはね上がり、前回調査（2009年10月31、11月1日）の67・0％から17・1ポイント上昇した（2010年5月20、21日琉球新報社と毎日新聞社が実施）。

辺野古移設について「反対」を表明した人に理由を尋ねると38％が「無条件で基地を撤去すべきだ」、36・4％が「国外に移すべきだ」、16・4％が「沖縄県以外の日本国内に移すべきだ」と県内反対の合計は90％を超えた。

第二期の民意の主役となった「整理縮小」派の担い手は国外移転（36・4％）と「県外移転（16・4％）の合計52・8％（2009年調査の「整理縮小」52％）」と符合する。

このデータは何を物語るか。

琉球王国時代に培われた歴史的な外交民意、沖縄県民としての日本本土に対する歴史的な外交民意や、米国占領下時代に、本土復帰後に再び問われた沖縄県自身の民意が今日の沖縄県の歴史を刻んできたといえる。「自分たちは何者なのか」「なぜいつまでも沖縄だけが過重負担を背負って差別を受け継がなければならないのか」と自問自答を繰り返した。

この県民の自問自答の行きついた最終回答が「国外（36・4%）・県外（16・4%）移設」という意思表示とみるべきであろう。言い換えれば沖縄県民意のアイデンティティが発露したのである。この沖縄県民意のアイデンティティの発露を確かなものと受け取った仲井眞弘多陣営は同年（2010年）11月の2期目となる知事選挙で初めて普天間基地の「国外・県外移設」支持を打ち出した（1期目の2006年選挙では条件つき賛成の県内移設に軸足をおいた公約であった）。

在日米軍再編の見直し発表（2012）、県外移設の好機を逸した民主党外交

2012年1月5日の米国の新国防戦略発表に続いて(★9)、2月8日、在日米軍再編のロードマップ（行程表）見直しに関する日米共同文書が発表された。

FRFを取り巻く民意の歴史の第三期の幕開けとみてよい。主要な骨格は、今までパッケージとされてきたグアム移転と米軍5施設（嘉手納以南）区域の返還を普天間移設と切り離して先行するというものである。1万8000人と言われる在沖海兵隊のうち、8000人がグアム移転となった(★10)。しかし、2012年4月の共同声明では、約9000人が沖縄から国外へ移転され、グアムへは50

00人の海兵隊の人員が確保され、ローテーション方式で豪州やハワイ、フィリピンに分散移転されることになった。このような米国の国防政策変更の源流はどこに求められるか。

第二章で述べよう。日米合意の見直しの背景は、第一に米国の深刻な財政難、第二にアジア太平洋における中国軍事力の増強、第三に沖縄県民意の構造的変化である。

この第三の沖縄県民意の構造的変化について、振り返って記しておくべきことがある。それは今述べてきた2012年の日本を巻き込んだ米国の軍事再編、改定へ導いた注目に値する出来事であると言える。11年9月19日、仲井眞知事は私たちが主催する第四回〝沖縄クエスチョン〟のシンポジウム(於ワシントン)に出席し、普天間基地は県外へ移設したほうが解決が早いとスピーチしたのである(★11)。(〝The Okinawa Question Futenma, the U.S.-Japan Alliance & Regional Security〟2013年12月、仲井眞弘多のスピーチ原稿を記載)。「『沖縄クエスチョン』日米行動委員会12年の歩み」(47頁参照)で述べてもいるように、11年9月19日の知事スピーチの内容はパネッタ長官にも届けられた。パネッタ長官の日本訪問(2011年10月24~26日)後、オバマ大統領は11月17日豪州ダーウィンにて米国外交・安全保障政策について「アジア・太平洋地域を最優先にする」と「アジア回帰」への転換を表明

★9……米国国防省 http://www.defense.gov/news/defense_strategic_guidance.pdf
★10……米国国務省 http://www.state.gov/r/pa/prs/ps/2012/02/183542.htm
★11……結論として「日本国内の沖縄県外への移設がこの問題の解決をもっともはやく前進させる論理的方法であり、日米両国の同意する結論としては、普天間の海兵隊航空基地(MCAS:Marine Corps Air Station)の辺野古への移設案は改定されなければならないと考えております」と述べている。

［問］日米両政府は、普天間飛行場を名護市辺野古に移設する計画を立てています。あなたはどう思いますか

(1) 計画に沿って移設を進めるべきだ。	11.2%
(2) 移設せずに普天間飛行場を撤去すべきだ。	21.4%
(3) 県外に移設すべきだ。	28.7%
(4) 国外に移設すべきだ。	38.6%

出典：琉球新報・毎日新聞社合同世論調査（2012年4月末から5月初め実施）

したのである。この延長で、玄葉外務大臣は12月19日にヒラリー国務長官に呼ばれワシントンで会食した。

この米国の新国防政策に対し日本側はどう考えるのか、日本自身が日本の沖縄を含むアジア・太平洋政策に対して主体的に関与していく姿勢が望まれる。しかしながら、鳩山首相の公約破棄に対する信用失墜に懲りたとはいえ当時の民主党政権に、沖縄駐留の海兵隊を一部分でもダーウィン、ハワイ、フィリピンへ移転する外交的工夫をなぜ準備できなかったのか。準備できえた客観的根拠を第二章で述べている。ところが、日本の大手メディアに「海兵隊が豪州に移れば、日本周辺での危機に即応しづらくなる。さらに心配なのは日本が米国の対中戦略から取り残される」という報道まであったのは、失望以外のなにものでもない。これはまさに杞憂《きゆう》というものであり、日本が積極的に果たすべき役割と義務があることを忘れてしまっている。

オバマ政権下の日米合意（2006・5）の見直し以降国内では様々なことが指摘されてきた。さすがに嘉手納統合案は日本では影を潜めているが、相変わらず辺野古移設を表明している人もいれば、そうしなければ普天間が固定化されると危惧する人もいる。いずれの意見も第三期に移った民意の潮流を無視しているか、論理矛盾に陥っているといえる。論理矛盾に陥っているというのは、県外・国外移設は現実的に不可能と思い込んでいるだけのことだ。第二期の特徴であった漂流する民意が第三期に入って次第に

［問］沖縄の米軍基地が減らないのは本土による沖縄への差別だと思いますか

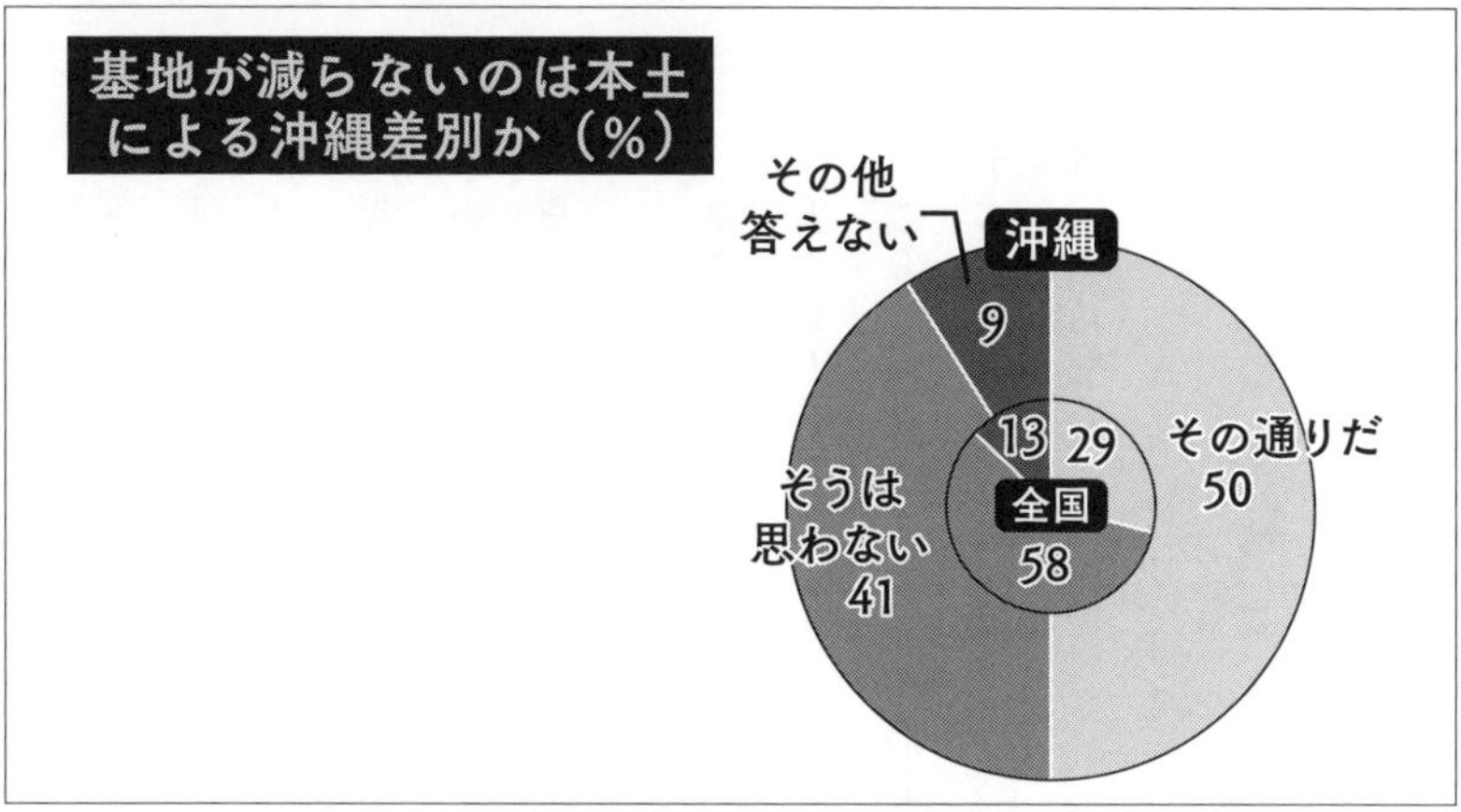

出典：沖縄タイムス社・朝日新聞社の合同調査（2012年4月末から5月初め実施）

国外・県外へと収斂《しゅうれん》していく変化を無視している。

不動産物件の発想から抜けられないメディア・有識者

ＦＲＦは県内か県外か、あるいはＡ基地かＢ基地か、いわば不動産物件を扱うような硬直した発想の域をいまだに超えていない。「普天間基地は県外に移設はできない」と言い続けていた専門家・メディアにお聞きしたい。では、なぜ今回、米国は自ら日本国外に出ていくと言っているのか。今こそ時代の変化と、それに伴う米国外交の変化に対して、パートナーである日本がどう立ち向かうのか、日本独自のヴィジョンを提示して、日米両国でアジア・太平洋に新しい平和と繁栄をもたらす「公共財」としての日米同盟体制を共にデザインしていく姿勢が求められている。

沖縄本土復帰40周年を前にした２０１２年４月末に沖縄県民を対象に世論調査が行われ、普天間基地に対する次のような質問がなされた。

この調査結果においても、国外移設派が県外移設派よりも多く辺野古移設派が１割強しかない。

ところが、最新の同様の調査（２０１２年12月4、5日実施　琉球新報・共同通信電話世論調査）を見ると、第一位が県外移設25・４％、第二位が国外移設23・１％と約半年で、逆転したことに注目すべきだ。続いて、移設せずに無条件の閉鎖・撤去17・６％となっている。県外移設が第一位となった背景には、仲井眞県知事が、「県外に移設したほうが、辺野古移設にこだわるよりも問題の解決が早い」と繰り返し発言していることが、影響していると思われる。

その後、再び国外移設派が第一位を回復する。

沖縄県本土復帰40周年の民意（２０１２・５）

２０１２年５月15日、沖縄が本土に復帰40年を経過した。

この時、実施された世論調査において「沖縄アイデンティティ」の発露・蘇生をうかがわせる特筆すべき調査結果が出た。「沖縄アイデンティティ」とは琉球時代から幾多の歴史を経て培われてきた沖縄人らしさ、あるいはその帰属意識に目覚めた人々の属性を言う。ここでは基地に対する差別意識に焦点を当て、本土と沖縄の人々に次のような質問をした。

「差別だ」と回答した人は、沖縄で50％、全国で29％であった（沖縄タイムス社と朝日新聞社の共同世論調査）。

［問］あなたは、沖縄県に全国の米軍専用施設の約74％が存在していることについて、差別的な状況だと思いますか

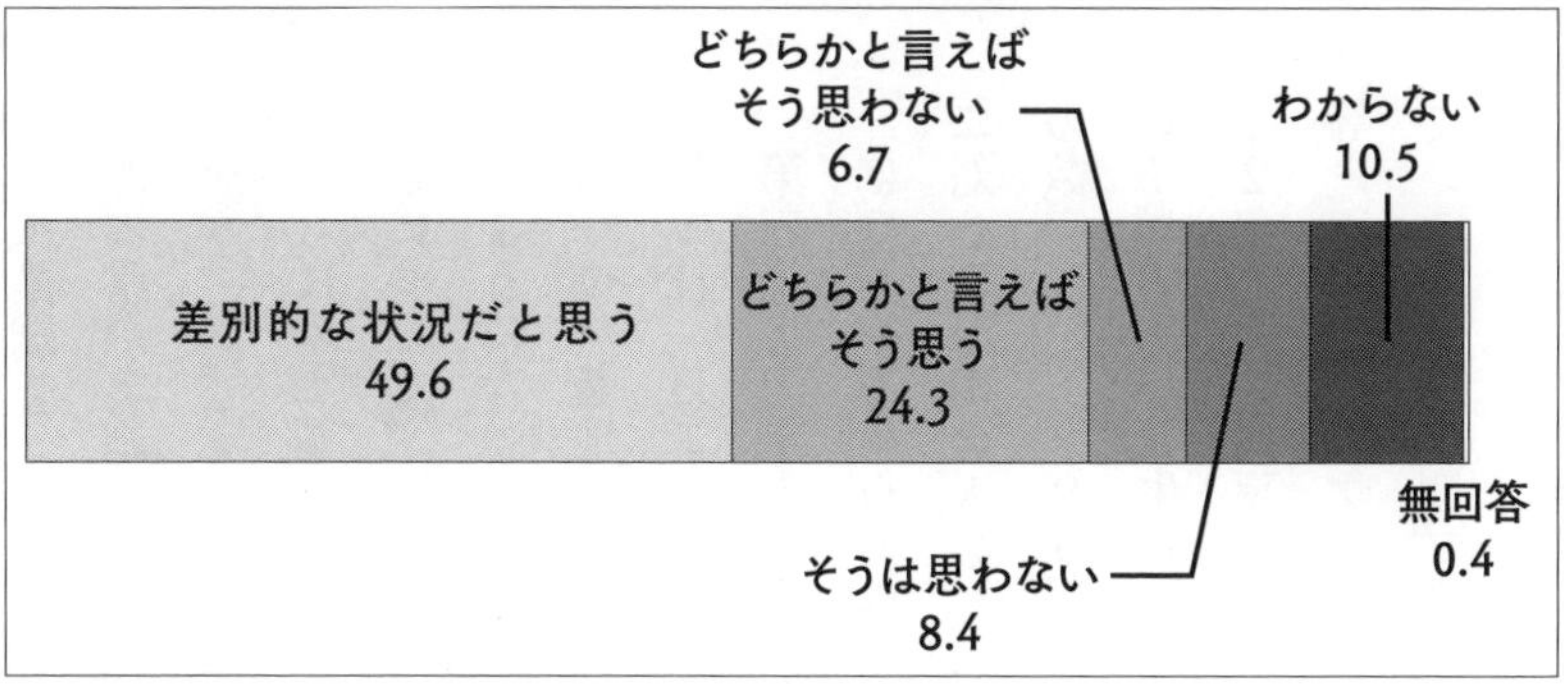

出典：平成26年3月沖縄県企画部『第8回県民意識調査報告書』「くらしについてのアンケート結果」（平成24年10月調査）」（p 60）
調査対象：県内に居住する満15歳以上75歳未満の男女個人　層化二段無作為抽出
調査時期：平成24年10月6日〜11月5日
有効回収：1.612人（80.6％）

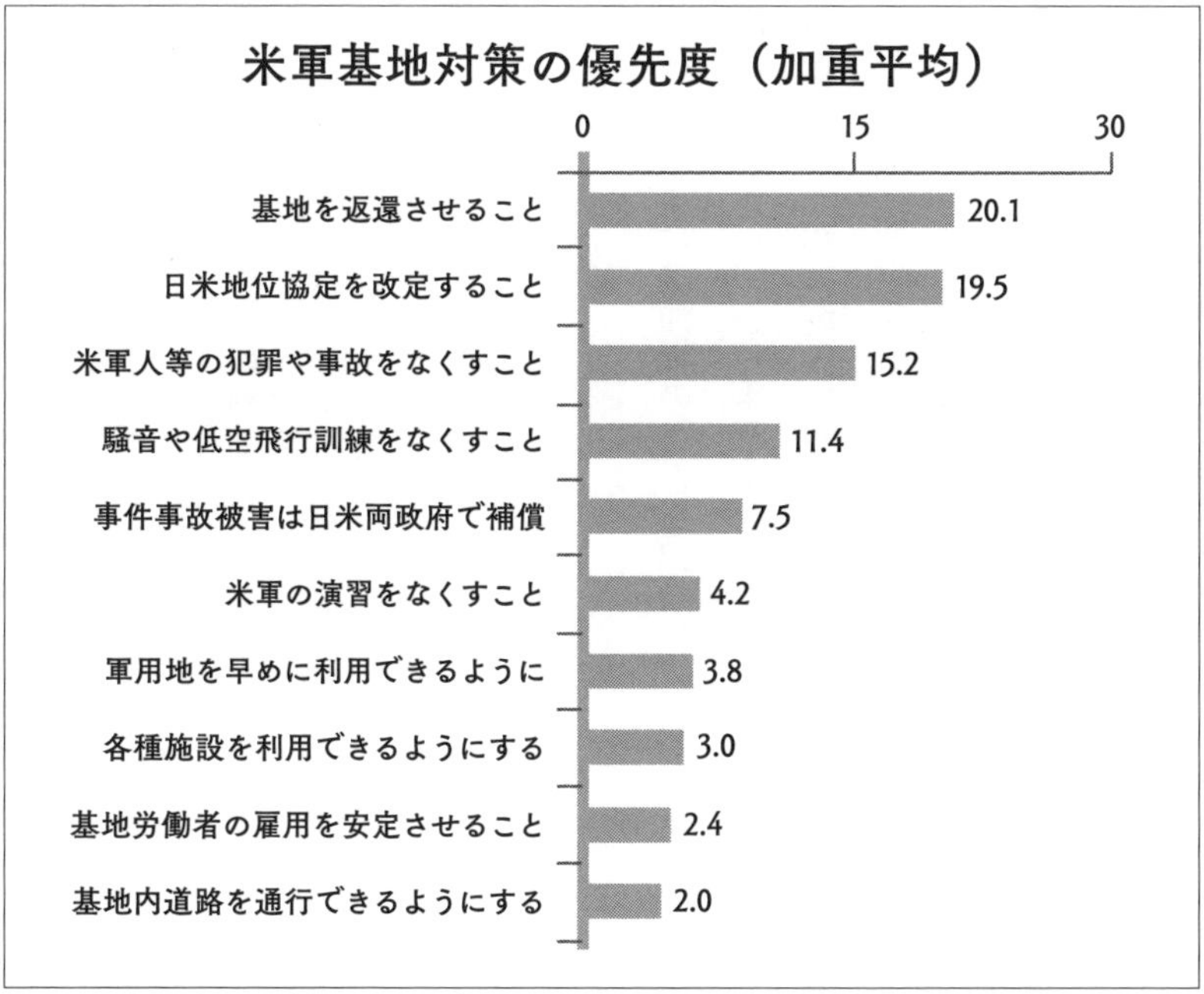

出典：平成26年3月沖縄県企画部『第8回県民意識調査報告書』「くらしについてのアンケート結果」（平成24年10月調査）」（p 19）

沖縄県調査(2012年10月)による「差別」認識

沖縄県が実施した意識調査(★12)でも「差別的な状況だと思う」(49・6%)、「どちらかと言えばそう思う」(24・3%)の合計が73・9%に達した。

さらに米軍基地から派生する様々な課題について、県や国に対して特に力を入れて対応してほしいことについて、順位をつけて三つを選択してもらった。その結果、米軍基地対策の優先度上位三位は、次のようになった。

第一位「基地を返還させること」(20・1)

第二位「日米地位協定を改定すること」(19・5)

第三位「米軍人等の犯罪や事故をなくすこと」(15・2)

ほぼ同時期に行われたNHKの時系列調査で「あなたは沖縄のことを理解していると思うか」の問に対し、沖縄の人の71%が「本土の人は理解していない」(あまり+まったく)と回答している。この数字は、1995年5月に行われた同様の調査での48%から23%も上昇している。同年の9月にはレイプ事件が発生しており、まさに本稿で述べた第一期の終わりの時期と符号している。さらに2012年の高い比率は、さらに進んで「沖縄」と「本土」との関係が歴史上、新たなる「不自由・不平等・不公正」の集積として「差別」という用語が「沖縄クエスチョン」すなわち、沖縄は何を「問う」ているのか」、「問」うべきなのか自らのアイデンティティを主張し始めたと言える(★13)。

本土と沖縄の意識ギャップの拡大

このように本土と沖縄との意識の乖離《かいり》は大きく、さらにこのままだと益々大きくなっていくことが予想される。もう一度同じ質問結果のグラフを見てみよう。

沖縄タイムス社と朝日新聞社の共同世論調査において全国では「基地」を差別だと思わない人が過半数の58％、なかでも30代の81％が驚くべきことに「差別とは思わない」と回答している。このように沖縄と本土の基地に対する差別の民意が２０１２年にさらに拡大したことに注目するべきである。この最大の原因は、沖縄側にあっては、同年２月の在日米軍再編のロードマップ見直しにもかかわらず、相変わらず県内移設が強調され、失望感の沈殿が現代「沖縄アイデンティティ」の覚醒を決定づけたことである。

本土側にあっては、沖縄の歴史を知らない若い世代が増えて、今日の日本の平和が沖縄に集中した基地に支えられてきたという認識が欠如していることを意味している。このように沖縄では（本土とは逆に）「沖縄アイデンティティ」の確固とした蘇生をうかがわせる状態が続いている。

その証左の一つが、軍用地主（５万人台）の中の１００人を超える人々が賃借料の収入が入らない

★12……本調査は「本県が策定した初めての総合計画である『沖縄21世紀ビジョン基本計画（平成24年5月）』の推進に資する」（報告書はしがき）ことを目的として実施された。

★13……出典：ＮＨＫ放送文化研究所「本土復帰後40年間の沖縄県民意識」２０１３年年報。この時系列調査は72年の復帰後から定期的に行われているもので、１９９５年時の48％という数字は87年時とともに現在までの調査の最低の数字である。

のを覚悟の上で、２０１２年になって初めて軍用基地の貸借契約を拒否したことが判明した。「沖縄アイデンティティ」とは何かを自覚することによって、これ以上基地に依存しない自立した沖縄の自画像確立へ決意を新たにした証左といえるのではないか。

本土の人たちが沖縄の過重負担を少しでも和らげたい、一年間のうち少しぐらいなら自分の住んでいる場所にある自衛隊基地で共同運用してもよいという声が出てきてもよさそうだ。この時、初めて政府の基地の県外・国外移設が可能となるであろう。米国もまた日米両国の安保政策に対する新展開がむしろ前進するであろう。その意味で、佐賀空港を手始めに米国海兵隊のＭＶ22オスプレイの全国展開、さらにいずれ防衛省が自国のＭＶ22オスプレイを展開する今後の動向から目を離せない。

沖縄県議会議員選挙（2012・6）と総選挙（2012・12）

「沖縄の民意は県内移設に戻る」という見方が間違っていることは、２０１２年6月10日に行われた沖縄県議会議員選挙で証明された。

選挙結果は本稿で私が述べてきた民意の潮流を裏付けるものとなったのである。

要約すれば、第一章の第三期「日米合意見直し（２０１２）以降」で言及した復帰後民意の変遷の第三段階の内容を実証したことになる。一言で言えば、「普天間基地移設は県外・国外へ」と言うことである。政党別に当選者の分布を見れば、さらによくわかる。

各メディアは、一斉に「仲井眞知事を支える県政与党（自民・公明・無所属与党）が過半数を割り込んだ」と報じた。しかし、このような分析は表面的なものに過ぎない。分析のポイントは、次の3点である。

第一のポイントは、今回の選挙結果を単に一時的な現象の結果という見方でなく「自分たちは何者なのか」「なぜいつまでも沖縄だけが過重負担を背負って差別を受け継がなければならないのか」という自身の覚醒した「沖縄アイデンティティ」を投票行動にぶつけた結果だと見るべきである。

第二のポイントは、基地政策に対し民主党本部と県連の民主党のねじれを指摘せねばならない。野田民主党は「普天間基地の辺野古移設」案を捨てることを拒否した。一方、沖縄県民主党は「普天間基地は県外・国外へ移設する」方針を堅持した。さらに、民主党政権は県民の反発が根強いMV22オスプレイを普天間基地に配備する方針を表明した。

第三のポイントは、全候補者が県外移設を訴えて、争点ボケとなり、投票に行く意欲をなくさせてしまった。その結果、投票率は大幅に低下し、今までの最低投票率も下回る52・4％を記録した。投票率の大幅な下落は、組織力のある公明党、地元に根強い支持が今も残る地方政党、社会大衆党、社民党、無所属左派に有利に働いた。

このような沖縄県民意の歴史的な変化のうねりと関係なく民主党政権の支持率は下落の一途をたどった。２０１2年沖縄の日本復帰40周年を迎え、蘇生された「沖縄アイデンティティ」の意識は衰えることはなかった。

同年12月衆議院選挙が行われ、自公政権は復活し、安倍連立政権が誕生した。結果は、自民の歴史的な大勝、民主党の壊滅的な敗北であった。沖縄県の選挙区も全国と同様の結果をもたらした。

２０１３年7月に施行された参院選も自民党は圧勝し、自公連立政権はさらに強固なものとなった。

4.「沖縄クエスチョン（Okinawa Question）」とは何か

不自由・不平等・不公正の「属性」

なぜ「沖縄クエスチョン（Okinawa Question）」と名付けたのか。「沖縄クエスチョン」とは何かに触れなければならない（「「沖縄クエスチョン」日米行動委員会」については末尾に記す）。本文で述べているように今まで沖縄には、①「銃剣とブルドーザー」による不当な私有地の占拠の結果、人間としての「自由」を暴力的にはく奪されてきた生活環境、②人間としての基本的人権と「平等」を欠いた裁判の繰り返し（両国間で取り交わされている「日米地位協定」では、起訴される前なら米軍が犯人の身柄を手中にできることになっている）、③米軍基地が小さな面積の沖縄県に集中していることによる、日常生活に支障をきたす市街地での過激な騒音、過重な基地負担のなかで、傷害、窃盗、レイプ事件、環境破壊などの「公正」を著しく欠いた状態が今も続いている。（①、②、③は本文参照）。

今述べたような実例は、今日まで70年に及ぶ事件簿の氷山の一角に過ぎない。まして県民一人ひと

2011年9月19日沖縄クエスチョンワシントンシンポジウム(ジョージワシントン大学)。右から高良倉吉座長代行、マイク・モチヅキ米側座長、日本側座長である筆者

りが基地の存在から受ける①不自由、②不平等、③不公正は計り知れない。この結果、引き起こされた様々な感情の累積が沖縄固有の「属性」となって身体内にまとわりついている。

この「不自由・不平等・不公正」の属性をこのまま放置しておくとどうなるか。1970年のコザ暴動以上の壮絶な事件に発展しかねないと懸念される。

「沖縄は事件の点と点が線となって56年間に蓄積されて大きな歴史のマグマを抱えている。穴をもう一つあけると何が飛び出してくるかわからない」(稲嶺知事の2001年の発言)状況が2014年の現在も続いている。

現在進行形の辺野古大浦湾周辺の埋立て工事も今後の展望は予断を許さない。たとえ埋立て工事が完成しても、懸案の問題(プロブレム)処理がうまくいったというだけで、県民の「同意」を得たことにはならない。言い換えれば、辺野古埋立てが「沖縄問題」として処理されただけで、問われている「沖縄クエスチョン」に応えたことにはならない。

「沖縄クエスチョン」とは沖縄や沖縄の人たち(ウチナー

ンチュ）が本土の人たち（ヤマトゥンチュ）に今、「問」うていることは何かということである。「沖縄クエスチョン」は「沖縄問題」ではない。「沖縄問題」であるならその争点が解決したら問題はなくなって終わるはずである。いまだに終わらないのは「問」いである「沖縄クエスチョン」が「問」いとして問われ続けているからである。何が「問」われ続けているか、沖縄と日本との「関係」及び「関係」のあり方が問われ続けているのである。この両者の「関係」が持っている属性が「不自由・不平等・不公正」であり、三つの属性が集積された表現が「差別」といえる。

この「差別」が本土に向けられていることは容易に理解できる。普天間の移設先が自分たちの住む県内の辺野古でなくて、県外の本土を求めている人たちが圧倒的に多いのは、なぜ沖縄だけが加重負担をいつまでも背負いこまなければならないのか。少しは本土の人たちにも負担を分かちあってもらえないかというわけである。本土の私たちはあまりにも無頓着すぎはしないか。「問」われているのは本土の対沖縄への意識である。

私自身は『関係』は出会いにおいて発現し、行為において現実化する。『関係』とは行為であり、行為とは存在である。（前掲書『日常生活のなかの禅』）」という「問」いを今一度かみしめている。

「差別」の構成要素である「不自由・不平等・不公正」から脱却することは沖縄の人たちの権利であり、日本政府の責任である。その権利の主張は、主体性（Substantiality）を持ったものでなければならない。すなわち自分たちは日本及びアジアの安全保障にどのような係わり合い、「関係」を持つのか、「『歴史』に支配されたままでいることでなく、現在に生きる者としてその責任と主体に立脚して『歴史』および未来にどう向かい合うか」（アジア・パシフィック・アジェンダ・プロジェクト『沖縄イニシアティブ』のために」高良倉吉他、2000年3月）という発想が不可欠である。本文の第三期（2005〜）以降、このような発想が沖縄の「属性」と結びついて、歴史の新たなる「沖縄アイデンティティ」として根をおろしつつある（「沖縄アイデンティティ」30、33頁参照）。

「沖縄クエスチョン」日米行動委員会12年の歩み

最後に「普天間移設問題」（FRI：Futenma Replacement Issue）の終幕を前に〝沖縄クエスチョン〟（「沖縄クエスチョン」日米行動委員会・日本側座長橋本晃和、米国側座長マイク・モチヅキ（ジョージワシントン大教授）、座長代行高良倉吉（前琉球大学教授））の歩みを、日米同盟と沖縄県民意の視点から記述しておこう。

仲井眞弘多氏（当時、沖縄電力会長）から私に2002年の終わり頃、「安全保障を沖縄の視点から論じあう日米有識者会議を作ってはどうか」と言われた。

早速、マイク・モチヅキ教授と高良倉吉教授に相談を持ちかけて、2003年春頃には、〝沖縄クエスチョン〟の第一回メンバーの日米両国11人が出揃い、同年10月橋本龍太郎元総理を招いて「沖縄クエスチョンと日米同盟」と題して、東京でワークショップを開催した〔資料2参照〕。

日米行動委員会の米国側委員から普天間基地が世界一危険な基地と報告を受けたラムズフェルド国防長官は、同年11月に沖縄基地を視察した。2004年3月にワシントンDCで第一回のシンポジウムを開催した。私たちが危惧した通り、同年8月13日にCH−53Dヘリコプターが沖縄国際大学へ墜落した。

第二回「沖縄クエスチョン2006」は、「中台関係・日米同盟・沖縄——その現実的課題を問う」と題して、アジア・太平洋に目を向けた。

第三回「沖縄クエスチョン2009」は、「日米中トライアングルと沖縄クエスチョン——安全保障と歴史認識の共有に向けて」と題して歴史認識に目を向け、上海の有力シンクタンク、研究所から3人の有識者を招いて意見交換をした。

第四回「沖縄クエスチョン2011」は「地域安全保障・日米同盟・普天間」と題して、解決できないままの普天間移設に再び焦点を当てた。フィナーレとなった2011年9月は、仲井眞知事がキーノートスピーチを行い「普天間基地は県外に」と初めて米国で1996年以来の日米両国の懸案であるFRFに関する県民の思いを代弁した。

知事スピーチは日本の特派員や日本大使館からは半信半疑の目で見られたが、米国国務省やペンタゴン、有識者は知事発言を重く受け止めたと思われる。

それは、財政逼迫《ひっぱく》で軍事費削減も例外ではないという米国財政支出の見直しと、中国軍のアジア・太平洋への進出に対応すべく新国防戦略が必須という新事態と深くリンクしたものである。

ところが、2013年12月27日、仲井眞知事は突如、政府の辺野古埋立て移設を承認した。沖縄県民（有権者）は承認するかどうか、沖縄県「民意」の審判は、2014年11月16日に下る。審判の結果を受けて、マイク・モチヅキ教授と私で共著を出版する予定である。

「沖縄クエスチョン」のワークショップ、シンポジウムにおいて講演をいただいた方々及び執筆された方々に日米行動委員会を代表して改めて心から御礼を申し上げる次第である（私以外の方々を肩書き、敬称を略して以下に記させていただきます）。

橋本龍太郎、仲井眞弘多、佐藤行雄、マイク・モチヅキ、高良倉吉、加藤洋一、伊奈久喜、小川和久、大城常夫、シーラ・スミス、マイケル・オハンロン、村田晃嗣、マイケル・スウェイン、トーマス・ライク、小島朋之、田中均、富川盛武、エレン・フロスト、中兼和津次、楊大慶、陳雲、王少普、呉寄南、ロウリン・ヒュー

第二章 「普天間」を終わらせるために
――普天間の真実と提言「海兵隊移設プラン」

２００６年に策定された共通戦略目標は12年2月8日、沖縄基地の米軍再編の返還ロードマップの見直しに関する共同声明で全面刷新された。

この声明でグアム移転と米軍の5施設区域の返還を普天間移設と切り離して先行することが決定された。しかしながら普天間代替施設（ＦＲＦ）の問題は日本側ではどう見ても今もデッドロックの状況にあるようにみえる。

最大の原因は「固定観念」（Stereotype）にとらわれた発想と硬直性にある。実際、ＦＲＦは県内か県外かあるいはA基地かB基地か――いわば不動産物件を扱うような発想の域を超えていないことにある。

２０１４年8月現在の今においても両国担当者の基本的考え方は変わらないように見受けられる。最新の日米共同声明「アジア太平洋及びこれを超えた地域の未来を形作る日米と米国」（オバマ大統領の来日時に日米両国が交わした共同声明文、２０１４・４・25於東京）では「日米両国はまた、グアムの戦略的な拠点としての発展を含む、地理的に分散し、運用面で抗堪性があり、政治的に持続可能な米軍の態勢をアジア太平洋地域において実現することに向け、継続的な前進を達成している。普天間飛行場のキャンプ・シュワブへの早期移設及び沖縄の基地の統合は、長期的に持続可能な米軍のプレゼンスを確かなものとする」と述べられている。2012年時と同様にこの文脈の中に「辺野古の埋立て」という文字は相変わらず見当たらない。日本政府が公式的見解では一方的に普天間基地の固定化による危険性を除去するため、埋立てによる辺野古移設を行うと述べているように聞こえる。もしそうだとしても、ではなぜ、埋立てによる辺野古移設でなければならないのか。

辺野古移設で問題が解決するのか。辺野古埋立てによる新飛行場建設が完了するまでに、9年半の時間を要するという、これは実質的に新たな辺野古固定化案ではないのか。それよりも、現行の普天間飛行場の運用停止を決定して、代替案を県外・国外を中心に動的防衛力構想の実現を図ったほうが早いのではないか。この一点に注目して、辺野古埋立て決定は国の行政上の権限として、埋立て申請を承認する代わりに、普天間使用の5年以内の運用停止を発表したのが、仲井眞知事であった。メディアをはじめ、保守陣営からも猛反発を食らったのは言うまでもない。この点については本稿の最後に述べてみよう。

東京メディアの安全保障担当の記者がよく私に言う言葉がある「それでは辺野古移設に替わる代替地はどこですか」私は「代替地という発想でなく代替案という発想ができませんか」と答えることにしている。

重要なことは、アジア太平洋地域において現在進行中の安全保障環境に対応できる戦略的機能的兵力態勢を構築することである。

幸いにも防衛省は、2011年度以降に係わる「防衛計画」(★1)の大綱の中で、「動的防衛力」の概念を前面に打ち出している。「動的防衛力」は防衛力の存在自体による抑止効果を重視した従来の「基盤的防衛力」に替わって、防衛力の運用に着眼した新しい概念と言える。このため、即応性・機動性・柔軟性・持続性及び多目的性を備え、軍事技術水準の動向を踏まえた高度な技術力と情報能力に支えられた防衛力と言える。進化を遂げる安全保障に挑戦する創意工夫のある「動的防衛力」構想と、辺野古への普天間移設という現行プランの背後にある狭量的な防衛力構想との間には、運用面で明確に大きなずれがあることに気が付く。

最後に、本稿では、アジア太平洋地域において今後とも重要な役割を果たす沖縄基地の兵力態勢と、動的防衛力構想に基づいてロードマップを提言する。さらに、この提言の実施によって日本がアジア太平洋地域において重要な役割を果たし、日米同盟の深化に寄与することができる。

そのために、まず、普天間移設のあり方に直接影響を及ぼすカギとなる五つの現実を理解することが先決である。それは、また私のロードマップ案に裏づけられたものである。

★1……「平成23年度以降に係わる防衛計画の大綱について」2010年12月17日安全保障会議及び閣議決定。

1．普天間移転：解決のカギを握る五つの現実

硬直化した普天間移設問題を解決へと導くには、何よりもまず次に述べる五つの現実課題を直視しなければならない。最初に述べる二つの現実は緊急課題であり、後に述べる三つの現実は誤謬に基づく虚構の現実であることを理解し、克服していかなければならない。

①再びいつ墜落してもおかしくない普天間飛行場の危険

世界一危険な飛行場と言われ続けている第1海兵航空団の普天間飛行場（MCAS: Marine Corps Air Station Futenma）が、今後も機能すれば基地周辺の民家にいつでも再び墜落する惨事に見舞われかねない。普天間の固定化は一刻も早く避けねばならない。ところが、ここに一つの奇怪な話がまかり通っている。

「この普天間の固定化を避けるために、辺野古埋立てをした飛行場の代替地が必要である」。この論理はおかしい。辺野古埋立て以外に普天間での過重負担を減らすことができないとでも言うのであろうか。

そのうえで、2022年もしくはそれ以降に普天間を閉鎖して、辺野古に移設するという。この間

に墜落事故が起きない保証は何もない。

県が主張する「普天間の5年以内の運行停止」が、現実に履行されるのかどうか、政府側の納得できる具体的答弁は今のところない。

②日米両国の深刻な財政逼迫が代替案変更を不可避とする

日本にあっては大災害（東日本大震災・放射能汚染）による莫大な財政負担、米国にあっては莫大な債務を抱えている財政逼迫がある。米国政府側はすでに向こう10年間で、4500億ドルの国防予算の歳出を削減することを決定している（"The Okinawa Question 2011"、マイケル・オハンロン（Michael O'Hanlon）氏の章を参照）。

アジア・太平洋における米軍の有事対応に懸念の声が強まる中、レオン・パネッタ国防長官も2011年10月13日の米下院軍事委員会の公聴会で「何よりも費用対効果の高い方法での実施が課題だ」と発言していた(★2)。

具体的には、普天間移設と連動する海兵隊のグアム移転予算も対象とせざるを得ない。日米両国のこのような財政逼迫の中で新たに辺野古に埋立て基地を建設することは財政的に許されるのであろうか。

★2……レオン・パネッタ（Leon E.Panetta）国防長官による発言。http://armedservices.house.gov/index.cfm/files/serve?File_id=82B8A259-4ACE-4A9D-B839-6568465A068D

日米両国は共に協力しあって、動的防衛力構想に基づいた全体像の中で戦略を見直しつつ、沖縄においても機能的・効果的な再編がなされなければならない。

③虚説「沖縄の民意は県内移設に戻る」

第一章で記述したように、普天間飛行場に回転翼機が墜落した（2004年8月）惨事をきっかけに、県外・国外への民意の流れが主流となっていった。「少なくとも県外へ」という鳩山総理（当時）の発言が流れに拍車をかけたのは事実としても、長い歴史的変遷の中で、琉球民族としてのアイデンティティに目覚めていった帰結が、〝県内移設の拒否〟となって定着したとみるべきである（2012年頃、第一章参照）。

これに先立って、筆者は日米行動委員会の主催による「沖縄クエスチョン2011」で「県外・国外移設への沖縄県民意の流れは変わらない、もとに戻ることはありえない（irreversible）と明言した（2011年9月19日　ジョージワシントン大学、ワシントンDCにて）。

最新では2014年1月に行われた名護市長選挙に端的に表れている。敗北が予想された自民党系候補に、自民党本部は最後の手段として投票日直前に500億円の振興予算をぶち上げたが、失敗に終わった。

引き続き行われた沖縄市長選（2014年3月27日）にも一言触れておこう。自公推薦候補者が激戦の末、勝利を収めた。本土の大手メディアのほとんどは「これで辺野古移設にはずみがつく」と報道した。自民党が勝利したような報道さえあった。これは真実と異なる。県外移設の主張を堅持し続ける沖縄公明党、及び学会が全エネルギーを投入した結果とみるべきである。

最新世論調査においても「県民の73・6%は県外・国外移設を望んでいる」(琉球新報、2014年5月5日)。

④俗説「普天間の県外移設は抑止力が低下する」

このような発想は、防衛力の存在自体による抑止効果を重視した従来の「基盤的防衛力」の考え方にすぎない。日米両国はアジア・太平洋地域の全体像の中で陸・海・空の安全保障体制を総合的に見渡した「動的防衛力」構想の具体化が進行中である。

沖縄を取り巻く軍事的環境が当然変化の過程にあり、沖縄における米海兵隊の抑止力効果も大きく減少している。さらに言えば、琉球諸島の米国の軍事的聖域はもはや中国軍の弾道・巡航ミサイルの西太平洋配備の完成で失われたことだ。すなわち、現在の中国軍の射程外(豪州ダーウィン)まで撤退しない限り、中国軍の新兵器・対艦弾道ミサイル(ASBM: Anti-Ship Ballistic Missile)及び潜水艦と衝突することになる。普天間の県内移設が抑止力の観点から必要であるとの議論は、現在の変化し続ける軍事的環境を無視している。実際、沖縄に駐留する米海兵隊(特に回転翼機)はもはや地域の潜在的軍事脅威を抑止できないといってよい。

5神話「すべての回転翼機は常に地上部隊と近接していなければならない」

いまでも「普天間のすべての回転翼機は常にキャンプ・シュワブやキャンプ・ハンセンの地上部隊と常に近接していなければならない」と信じられている。したがって、普天間飛行場は県外・国外に移設できないというのである。これは本当か?

実は神話である。実際には、回転翼機は地上部隊と一緒でなく単独でしばしば訓練する様子を見かける(★3)。ところが、今もこの神話は本当の如くまかり通り、いまだに疑う人はほとんどいない。

普天間移設のカギを握る五つの現実を踏まえて、次に私なりの在沖海兵隊の移設プランを考えてみたい。言い換えれば、それは二つの緊急課題1、2に後押しされて、虚説3・俗説4・神話5の三つの虚構の現実を打ち破ることである。

この三つの虚構に基づいた物語が、次の一節に集約される。

虚構のコンセプト…

普天間の機能を県外に移すことは、抑止力の低下に繋がり、日本の安全保障の弱体化をもたらす。その根拠は全ての普天間の回転翼機部隊は常にキャンプ・シュワブ、キャンプ・ハンセンの地上部隊と近接していなければならない。よって普天間の固定化、過重負担を軽減するには同じ沖縄県内に海兵隊航空部隊のための滑走(Runway)を有する基地が沖縄に不可欠である。その実現性のもっとも高い場所が辺野古である。

こうして県内の近距離にある辺野古の移設が唯一、ベストの案であると信じ込まされてきた。この説は真実か？

これは真実と異なる虚構のコンセプトに過ぎない。この虚構の物語を打ち破る突破口は、次の隠された普天間の真実を知ることである。

真実のコンセプト…

――普天間基地の回転翼機部隊と地上戦闘部隊（キャンプ・シュワブ、キャンプ・ハンセン）は、一緒でなくてもよい訓練と、一緒でなければならない訓練がある。

では、次に二つの訓練ケースをそれぞれ具体的にみてみよう。

1 一緒でなくてもよい訓練すなわち回転翼機が単独で訓練することができる

(a)航空基地内でのケース

飛行を伴わない試運転、飛行を伴う確認運転、通常離着陸、障害物超え離着陸、オートローテ

★3……２００4年8月13日に沖縄国際大学に海兵隊のヘリコプターが墜落したことはまだ記憶に新しい。この時の訓練は、典型的な地上部隊を必要としない「飛行を伴う確認運転」の訓練であった。ちなみにこの場合の訓練の多くは、５００～６００メートル級のヘリパッドでも十分可能である。

ーション着陸、滑走路着陸、ランニングタッチアンドゴー、ホバリングタッチアンドゴー、ストップアンドゴー離着陸、ホバリング訓練

（こうした訓練は、言うまでもなく騒音を伴い、場合によっては大きな事故を引き起こす）

(b)航空基地外での訓練のケース

航空基地外で行う訓練でも、地上部隊を必ずしも必要としない訓練がある。例えば、編成飛行、計器飛行、低空長距離飛行、機種転換などの訓練である。

（これは明らかに沖縄県内での訓練の必要はなく、県外・国外移設の対象になる）

以上の❶は、明らかに県内で訓練を実施する必要はなく、基本的には訓練は県外・国外移設が可能であるといえる。すでに日本国内の千歳、三沢、百里、小松、築城、新田原の六つの航空自衛隊基地で日米共同訓練を実施している（2007年3月以降）(★4)。

❷回転翼機と地上部隊との一体運用が必要なケース

ここで、次のメッセージを紹介しなければならない。

オバマ大統領は「アジアでのプレゼンスは最優先の課題である」と演説し、米海兵隊豪州駐留計画を発表した（2011・11・17、於豪キャンベラ）。沖縄の普天間基地に駐留する海兵隊は、グアムへ最大8000人の移転が決まった。後に4700人に縮小、残り約3300人はアジア太平洋地域をローテーションさせる意向となっている。

米国防総省は、大統領の意を受けて、2012年1月5日に同様の新たな国防戦略を発表した（『共同通信』2012年1月6日）。「米政府が在日米軍再編見直しに関する日本との協議で、第3海兵師団の地上戦闘部隊の大半をグアムなど国外へ移転する構想を打診していることがわかった。日本側は中国の軍隊などを踏まえ抑止力が低下しかねないとの懸念から難色を示している」（『中国新聞』2012年3月1日）。

普天間基地のヘリコプター部隊に乗り込む主力の地上戦闘部隊を国外に移転することになれば、普天間のヘリ部隊を一緒に国外へ移設する必要が出てくる。その結果、普天間飛行場は限りなく空っぽになっていく。

その一方で、グアムの施設整備が遅れている。遅れの原因は主に二つだ。一つは日本側がいまだに名護市辺野古への埋立てを伴う移設にこだわっていること。もう一つは、米国側も政府の歳出強制削減で、国防費が大幅に削減されてグアム移設が進まないからである。

そこで「グアムに施設を整備して移転するのではなく、米本土西海岸のカリフォルニア・ペンドルトンに戻す」（マイケル・オハンロン氏、『毎日新聞』「発言　海外から」2013年6月26日）このことによって「カリフォルニアの基地は、海兵隊全体の規模縮小の中で、施設に受け入れる余裕が生

★4……共同訓練は、1回あたり2週間以内、年間合計56日（8週間）以内。ただし、使用に際した展開と撤収に要する時間は組み入れないと定められている。

まれる見通しだ」（同上）

再度言及すれば、ヘリコプター部隊と地上部隊が「一体運用しなくてもよい訓練」と「一体運用しなければいけない訓練」とに分かれるということは、命題「ヘリコプター（回転翼機）部隊と地上戦闘部隊は、常に近接して常駐しなければならない」という「神話」が崩壊することを意味する(★5)。命題が、神話に過ぎないことを筆者は日本の自衛隊の幹部、元幕僚長等の方々に直接お会いして確認してきた(★6)。

このことを筆者が最初に公表したのは、仲井眞弘多知事も参加、講演した２０１１年9月19日ワシントンDCのジョージワシントン大学のエリオットスクールで開催した第四回沖縄クエスチョンのシンポジウムの場であった(★7)。そこで、私は命題が神話であることを簡潔に述べるにとどめた。

2. 海兵隊移設プラン：橋本プロポーザル

この章において今まで述べてきたような普天間移設の現実に基づいて、最近の沖縄の歴史や、議論してきた日米同盟の防衛戦略の目的を考慮しつつ、筆者は沖縄に駐留する米海兵隊の移設と普天間問題の解決に向けて、次のようなロードマップを提案する。この提案は、２０１３年10月3日の最新の日米安全保障協議委員会（ＳＣＣ）の共同発表に基づいている。

★5……その後、2年を経て、琉球新報は、「ヘリの基地と陸上部隊との距離は少なくとも65カイリ（１２０キロメートル）以内でなければならない」（米国側からの説明とした政府内の文書、２０１０年4月19日）という文書の存在をはじめて報道した（２０１３年11月27日）。

在沖海兵隊は、琉球新報の取材に応え、近接していなければならないという「海兵隊の公式な基準・規則には米本国にも確認したが、ない」との見解を示しているという。この報道がなされて初めて、鳩山元総理は県外移設を断念した根拠「65カイリ（約１２０キロメートル）という距離の基準が満たされることが不可欠である」ということが公式には存在しない「虚構」であることを知ったという（『琉球新報』２０１３年11月27日）。この「虚構」の論理を鳩山首相は、在任中はおろか２０１３年11月までまったく知らなかったことを正直に話している。

普天間の移設先として、徳之島案が浮かび上がったとき「徳之島と沖縄県との間の距離は１９２キロあり、あまりにも遠く、一体運用ということであれば、１２０キロ以内でないといけないということで、アメリカ側からも実現性がない話だと切られました」（鳩山由紀夫元総理「沖縄・宜野湾市講演」２０１３年2月20日）。

しかし、〝虚構の距離〟（『琉球新報』２０１３年11月27日）が存在することだけが県外・国外移設が不能ということにならない。**「一体運用しなくてもよい訓練と一体運用しなければいけない訓練がある」**という**新命題**は根本的にもっと重要なキーワードである。この隠された（？）事実を鳩山政権が在任中に知っていれば、歴史はまた別の方向に動いたかもしれないのである。

一体運用を必要としない訓練は上記のような「距離の制限」を受けることはないからである。

★6……この命題が、神話に過ぎないことを筆者は、日本の元自衛隊幹部の有識者、元幕僚長などの方々に東郷神社やその他の場所で直接お会いして確認した。その時、ヘリコプター部隊と地上部隊が「一体運用しなくてもよい訓練」と「一体運用しなければいけない訓練」との割合はどのくらいかという質問をさせていただいた。１週間後にいただいた返事は、**「一体運用しなくてもよい訓練」**が2に対し、**「一体運用しなければいけない訓練」**が1という2：１の割合であるとのことだった。納得のいく真実の説明をしていただいたことに心から感謝している。

★7……Akikazu Hashimoto[Dynamic Defense Capabilities and the Futenma Relocation Issue]『沖縄クエスチョン２０１１』橋本晃和の原稿参照

共同声明で述べているように、「より力強い同盟とより大きな責任の共有のための両国の戦略的な構想は、１９９７年の日米防衛協力のための指針の見直し、アジア太平洋地域及びこれを超えた地域における安全保障及び防衛協力の拡大、並びに在日米軍の再編を支える新たな措置の承認を基礎としていく」（２０１３年10月3日ＳＣＣ共同発表〈仮訳〉より）。

ロードマップ（要約）

※24頁の「主要な在沖海兵隊の構成」参照

私のプランにおける最初のステップとして、すでにオバマ大統領が「米海兵隊の豪州への常駐計画を発表（２０１１年11月1日キャンベラにて）したように沖縄のキャンプ・コートニーに本部をおく第3海兵師団（3MD: 3Marine Division）の多くは日本国外へ移設する用意ができている。このことは現在進められている米国のプランと一致する。地上戦闘部隊である第3海兵師団の第4海兵（歩兵）連隊(★8)（キャンプ・シュワブ）と第12海兵（砲兵）連隊（キャンプ・ハンセン）は主にグアム、ダーウィン（豪）を中心として国外移転する。この実施によって、歩兵・砲兵連隊と一体運用が不可欠とされてきた、第1海兵航空団（1MAW: 1Marine Aircraft Wing）の回転翼機の航空部隊が駐留する普天間飛行場（ＭＣＡＳ）の機能の大半を国外へ移転できることになる（神話「すべての回転翼機は、常に地上部隊と近接していなければならない」を参照）。

一体運用を必要としない沖縄の米海兵隊は、ダーウィン、ハワイ、カリフォルニアのキャンプ・ペンドルトン（米）に、一時駐留させるローテーション方式で対応する(★9)。

２０１２年4月の共同声明に従って、「約9千人の米海兵隊の要員が沖縄から日本国外の場所に移転」される。この約束の実現を確かなものにするために、海兵空陸任務部隊（MAGTF《マグタフ》: Marine Air-Ground Task Forces）の役割がさらに大きくなる。したがって、ＭＡＧＴＦの一つである31海兵遠征部隊（31MEU: Marine Expeditionary Unit）は、アジア太平洋地域及びこれを超えた地域においてローテーション方式で再編・運用されることになる（★10）。これに伴い太平洋上を揚陸艦で移動し、高速輸送船（HSV: High Speed Vessel）の利用も可能となる（★11）。

以上本章で述べたような〝日本は自国の防衛と地域の緊急事態への対処（★12）〟するために新しい能力を提供することになる。同時に〝日米同盟の抑止力を強化する〟ために、我々は日本国内

★8……「米国は、第3海兵機動展開旅団司令部、第4海兵連隊並びに第3海兵機動展開部隊の航空、陸上及び支援部隊の要素から構成される、機動的な米海兵隊のプレゼンスをグアムに構築するための作業を行っている。」（共同発表：日米安全保障協議委員会（「２＋２」）〈仮訳〉、２０１２年4月27日）〔資料3の⑤〕

★9……「米国政府は、日本国政府に対しローテーションによる米海兵隊のプレゼンスを豪州に構築しつつあり、また、ハワイにおける運用能力の強化のために米海兵隊の他の要員を同地に移転することを報告した。」（共同発表：日米安全保障協議委員会（「２＋２」）〈仮訳〉、２０１２年4月27日）〔資料3の⑤〕

★10……「米国は、地域における米海兵隊の兵力の前方プレゼンスを引き続き維持しつつ、地理的に分断された兵力態勢を構築するため、海兵空地任務部隊（ＭＡＧＴＡＦ）を沖縄、グアム及びハワイにおくことを計画しており、ローテーションによるプレゼンスを豪州に構築する意図を有する。」（共同発表：日米安全保障協議委員会（「２＋２」）〈仮訳〉、２０１２年4月27日）〔資料3の⑤〕

★11……「日本での米軍基地再考を」（マイク・モチヅキ、マイケル・オハンロン「ＣＮＮホームページ」２０１１年11月4日）日本と米国が海兵隊のために追加装備を購入し、日本の領海に事前集積している海兵隊の船舶に積載するならば、非常に重要な問題である東南アジアでの米国の能力は維持できる。

★12……２０１３・１０・３「ＳＣＣ共同発表〈仮訳〉」

で日米共同訓練をする既存の自衛隊基地の活用がなされなければならない。

さらに非常時において、海兵隊機をローテーション方式により沖縄本島で展開できるよううする。したがって、非常時に海兵隊のヘリコプター部隊（回転翼機）を運用するためのヘリパッドがキャンプ・シュワブなどで建設されなければならない。一方、第1海兵航空団の固定翼機の訓練は、ヘリパッド(★13)では対応できないので、残された第1海兵航空団の固定翼機の訓練は、嘉手納基地の現在の部隊が日本を取り巻く他の基地に分散移転した後で、嘉手納基地で行う。

以上の「真実のコンセプト」から始まる一連の「ロードマップ」案を統合して私なりの「橋本プロポーザル」と名付けさせていただくことをお許し願いたい。

3. 結論：沖縄を平和と繁栄の「要石」に

沖縄の歴史を振り返ってみれば、第二次世界大戦中は、沖縄は日本の「捨て石」に、戦後の冷戦時代には日米同盟の軍事的「要石」として使い捨てされてきた。冷戦後、現在までおいてきぼりにされてきた沖縄が、チェスの駒のように軍事的ハードパワーを一島で引き受けることが誰の目にも不可能となった。その理由は本章で述べたとおりである。

アジア太平洋における地域安全保障の環境変化は沖縄のハードパワーの有効性を減少させている。在沖海兵隊を沖縄に固定化することは今や効率・効果を欠いた古き軍事的産物と言えるのである。今後の沖縄はソフトパワーを備えたアジア太平洋における平和と繁栄の「要石」となることが日米両国ともに求められている。これが真の日米同盟の深化と言える。

私は本章を「動的防衛力の構築に向けた効果的かつ効率的な防衛力整備を着実に実施」（防衛省『我が国の防衛計画ガイドライン（NDPG: National Defense Program Guidelines）』）し、さらに新防衛大綱のもとにおける「中期防衛力整備計画（平成26年度〜平成30年度）」で示された統合機動防衛力の実現の一助となることを願って執筆した。

現行プランの（1）辺野古移設案、（2）分散移転なしでの嘉手納統合案、（3）普天間の固定化というオプションでは、日本の動的防衛力を向上させるという目的を達成しないことを述べてきた。今こそ「防衛力の新たな役割である実行的な抑止及び対処、アジア太平洋地域の安全保障環境の一層の安定化、グローバルな安全保障環境の改善」（同上）をはかることが喫緊《きっきん》に求められているといえる。

★13……今までもキャンプ・シュワブ案は、何度も浮上しては消えていったが、拙稿のロードマップで述べているキャンプ・シュワブ案とは内容においてはまったく異なるものであることは言うまでもない。

参考文献

朝河貫一著『日本の禍機』講談社学術文書、1987年。

アマルティア・セン著／池本幸生、野上裕生、佐藤仁訳『不平等の再検討――潜在能力と自由』岩波書店、1999年。

アマルティア・セン著／大門毅監訳、東郷えりか訳『アイデンティティと暴力：運命は幻想である』勁草書房、2011年。

アマルティア・セン著／池本幸生訳『正義のアイデア』明石書店、2011年。

内田樹著『街場のメディア論』光文社新書、2010年。

大田昌秀、新川明、稲嶺惠一、新崎盛暉著『沖縄の自立と日本――「復帰」40年の問いかけ』岩波書店、2013年。

沖縄クエスチョン日米行動委員会編『沖縄クエスチョン2009〈沖縄フォーラム〉日米中トライアングルと沖縄クエスチョン――安全保障と歴史認識の共有に向けて』2010年。

沖縄県知事公室地域安全政策課／調査・研究班編『変化する日米同盟と沖縄の役割～アジア時代の到来と沖縄～』2013年。

河津幸英著『図説　アメリカ海兵隊のすべて』アリアドネ企画、2013年。

佐藤優著『サバイバル宗教論』文春新書、2014年。

高良倉吉著『琉球王国』岩波新書、1993年。

竹沢泰子編『人種概念の普遍性を問う――西洋的パラダイムを超えて』人文書院、2005年。

辻井喬著『幻花』三月書房、2007年。

辻井喬著『新祖国論――なぜいま、反グローバリズムなのか』集英社、2007年。

仲村清司著『本音の沖縄問題』講談社現代新書、2012年。

橋本晃和、マイク・モチヅキ、高良倉吉編『中台関係・日米同盟・沖縄――その現実的課題を問う』冬至書房、

２００７年。

橋本晃和編著『〈橋本晃和博士退官記念論文集〉21世紀パラダイムシフト――日本のこころとかたちの検証と創造』冬至書房、２００７年。

橋本晃和、マイク・モチヅキ、高良倉吉編『日米中トライアングルと沖縄クエスチョン――安全保障と歴史認識の共有に向けて』冬至書房、２０１０年。

春原剛著『同盟変貌――日米一体化の光と影』日本経済新聞社、２００７年。

防衛省編『日本の防衛――防衛白書〈２０１１~１４年各版〉』日経印刷、２０１１~１４年各年。

毎日新聞政治部著『琉球の星条旗――普天間は終わらない』講談社、２０１０年。

前泊博盛著『沖縄と米軍基地』角川書店ｏｎｅテーマ21、２０１１年。

牧野浩隆著『バランスある解決を求めて――沖縄振興と基地問題』文進印刷、２０１０年。

南直哉著『日常生活のなかの禅』講談社選書メチエ、２００１年。

森本敏著『普天間の謎――基地返還問題迷走15年の総て』海竜社、２０１０年。

柳澤協二、半田滋、屋良朝博著『改憲と国防――混迷する安全保障のゆくえ』旬報社、２０１３年。

吉田健正著『米軍のグアム統合計画沖縄の海兵隊はグアムへ行く』高文研、２０１０年。

若泉敬著『〈新装版〉他策ナカリシヲ信ゼムト欲ス――核密約の真実』文藝春秋、２００９年。

Akikazu Hashimoto, Mike Mochizuki, Kurayosi Takara Editors. *The Okinawa Question and the U.S.-Japan Alliance*. The Sigur Center for Asian Studies, Nansei Shoto Industrial Advancement Center, 2005
Akikazu Hashimoto, Mike Mochizuki, Kurayosi Takara Editors. *The Japan-U.S.Alliance and China-Taiwan Relations Implications for Okinawa*. The Sigur Center for Asian Studies, Nansei Shoto Industrial Advancement Center, 2007
Akikazu Hashimoto, Mike Mochizuki, Kurayosi Takara Editors. *The Okinawa Question Futenma, the U.S.-Japan Alliance and Regional Security*. The Sigur Center for Asian Studies, Nansei Shoto Industrial Advancement Center, 2013

おわりに

この小著を出版するにあたって、3人の方々との「出会い」があった。仲井眞弘多氏、南直哉氏、堤清二氏である。

「沖縄の視点に立って、日米安全保障を論じる日米有識者会議を作らないか」(仲井眞弘多知事〈当時沖縄電力会長〉2002年12月)。

氏のこの一言がその後の私の人生を変えた。早速、畏友マイク・モチヅキ氏と高良倉吉氏にもちかけ「沖縄クエスチョン日米行動委員会」をたち上げた(2003年春)。

「出会い」があって30年、公私にわたって薫陶を受けた。基地勉強においても、海から空から、ある時はマイク・モチヅキ氏とある時はマイケル・オハンロン氏と一緒に。陸からは、政策研究大学院大学に勤務の時代に文部科学省、外務省、防衛省の協力を得て、海外留学生の学生と共に何度も、嘉手納基地、普天間飛行場等を見学し、歴代の沖縄総領事をはじめ、基地関連の方々とも意見交換を重ねた。

仲井眞氏との「出会い」なしには、この小著は出版できなかったことを思うと氏に感謝で一杯である。「普天間」の方向が最後になって異なる方向になったのは誠に残念としか言いようがない。

この間、変わらぬ気持ちで啓蒙し続けてくれたのは、南直哉僧侶（当時福井市霊泉寺／現恐山菩提寺院代）である。私の40代の半ばに、禅宗、曹洞宗総本山永平寺で「出会い」、その後福井市の自坊で泊りがけのマンツーマン指導を何度も受けた。沖縄返還交渉の中で、佐藤栄作首相下（当時）の核持ち込み密約で苦悩する故若泉敬氏（京都産業大学）の相談相手であったと聞く。「解決のカギを握る五つの現実」（本文参照）の内容に、激励を込めて賛同し続けてくれた方が、故堤清二（辻井喬）氏である。今は、湘南の海に向かって天空にもっとも近い高台の片隅に眠っておられる。

私の20代後半に「出会い」をいただいて以来、最後までわがままな私の人生相談のお相手をしてくださった御恩は筆舌に尽くし難い。

3氏の他にも学問の師匠、故加藤寛先生をはじめ、多くの方々のお世話になった。3人の方から教わったことは、沖縄（基地）はどうあるべきかということは、日本がどうあるべきかという「問」が問われていることだということである。この「問」（Question）を本論で「沖縄クエスチョン」と名づけたのである。

ここで、「普天間」を終わらせることができる根拠を「問」うたつもりである。

終わらせることができるのに、なぜ終わらないのか。日本政府側に強い自覚と責任感が欠如しているからである。

では、日本政府に終わらせる決断をさせることができるのは誰か。47都道府県のそれぞれの地域に住む民意の総力である。沖縄県民はこのことを「問」うている。なぜ、本土の人は黙っているのか、「本土の人は『沖縄だけ苦しめばいい』とは思わないで」（沖縄県豊見城《とみぐすく》市在住77歳の男性、9月20日辺野古移設に抗議する反対集会で。『朝日新聞』朝刊9月21日）と訴えている。

この小著が、筆者の出身と同じ本土の人々の覚醒の一助となることを祈っている。

最後になったが、日頃からお世話になっている桜美林学園の佐藤東洋士理事長の温かいご理解があって、この出版にこぎつけることができた。

さらに、「沖縄クエスチョン日米行動委員会」がスタートして以来、ずっと手助けをしてくれている上江洲豪部長（一般財団法人南西地域産業活性化センター）、はる書房の佐久間章仁氏と私の研究室秘書の江原亜季氏の懸命なるご助力・ご協力なしには出版はできなかった。心から感謝を申し上げる次第である。

平成26年9月　桜美林大学大学院四谷キャンパス研究室にて

橋本晃和

〈資料編〉

〈資料1〉沖縄基地問題と普天間関連年表
〈資料2〉「沖縄クエスチョン」日米行動委員会——主な活動実績
〈資料3〉文書類

2011	**9**	「沖縄クエスチョン 2011」第 4 回シンポ（ワシントン DC）で仲井眞知事「普天間基地は県外に」とスピーチ。その後、2013 年 12 月まで主張を変えず
	10	パネッタ国防長官来日
	11	オバマ大統領　オーストラリア・ダーウィンにて会見。「在沖海兵隊 3300 人をダーウィンに移駐する」と発表
2012	**1**	米国、「新国防戦略」発表
	2	在日米軍再編のロードマップ（2006）見直しに関する共同文書を発表
	5	民意「沖縄の基地集中は差別」が顕在化 (沖縄本土復帰 40 周年)
	6	沖縄県議選結果、民意は「県外・国外へ」定着
	10	垂直離着陸輸送機 MV22 オスプレイ沖縄配備
	12	衆院選で自公政権復活、安倍連立政権誕生
2013	**3**	政府は「普天間飛行場代替施設建設事業に係わる公有水面埋立承認申請書」を沖縄県に提出
	4	嘉手納以南の土地の返還計画共同発表（2022 年を目処とする）
	6	参院選、自民公約で「県内辺野古移設」を明記。自民党沖縄県連は県外移設を公約とするも、その後、「県内辺野古移設」へ逆戻り
	7	参院選で、自民党圧勝。自公連立与党で過半数を獲得
	10	日米安全保障協議委員会（SCC: Japan-United States Security Consultative Committee）、共同発表
	12.27	知事、行政上の手続きとして「辺野古移設」を承認する。ただし、「普天間は県外・国外移設するほうが解決が早いという考えは変わらず。」と表明
2014	**1.19**	名護市長選で辺野古移設に反対する稲嶺進氏が再選
	4.27	沖縄市長選、自公推薦の桑江朝千夫氏が 2 期続いた革新市政の後継者を破って初当選
	7	MV22 オスプレイ、暫定的に佐賀空港へと小野寺防衛相が発言
	11.16	沖縄県知事選挙

資料1　沖縄基地問題と普天間関連年表

1945	8	日本の敗戦と同時に米軍による沖縄占領政策
1960	4	安保改革とともに沖縄県祖国復帰協議会（復帰協）の結成
1969	11	沖縄の「核抜き本土並み　72年返還」合意
1970	12	コザ（現沖縄市）暴動（Koza Riot）
1972	5	沖縄本土復帰 基地の〈全面撤去〉派が〈整理縮小〉派を上回る
1978	12	復帰後、初の保守県政（1978～1990）の誕生 ――以降、〈全面撤去〉派と〈整理縮小〉派が拮抗
1995	9	少女暴行事件が発生
1996	4	日米行動委員会（SACO: Special Actions Committee on Okinawa）開かれる
	12	日米両政府（5～7年以内の）普天間基地返還で最終合意。以降、基地の〈整理縮小〉派が〈全面撤去〉派を上回る
1998	2	大田昌秀知事が海上ヘリ基地反対を表明
	11	県知事選で稲嶺惠一氏が初当選
2002	5	本土復帰30年経済振興策の優先を掲げて稲嶺県知事再選
2003	11	ラムズフェルド国防長官沖縄訪問。普天間飛行場視察、早期移設を指示
2004	8.13	CH-53Dヘリコプター沖縄国際大学へ墜落
2005	10	「日米同盟　未来のための変革と再編」、日米安全保障協議委員会（2＋2）で中間報告 ――以降、〈整理縮小〉派の中でも、国外移設の主張が増加（2005.9共同通信と琉球新報の共同調査による）
2006	5	「再編実施のための日米ロードマップ」、2＋2で米軍再編の最終報告に合意
	11	県知事選で仲井眞弘多氏が初当選（辺野古移設で条件付き賛成）
2008	6	県議選で与野党勢力逆転（仲井眞知事少数与党へ）
2009	9	自民党から民主党へ政権交代 鳩山新首相「県外移設が前提」と表明 その後鳩山首相「少なくとも県外へ」と表明
2010	5	鳩山政権「辺野古移設」へ逆戻り（無党派層6割を超す）
	11	「県内移設は困難」で仲井眞知事再選

沖縄クエスチョン 2009
「日米中トライアングルと沖縄クエスチョン一安全保障と歴史認識の共有に向けて」

2007年	10月15日	沖縄クエスチョン2009日米行動委員会ワークショップ（東京）
2008年	2月	沖縄クエスチョン講演会（沖縄）
	5月	上海訪問・意見交換会
2009年	1月9日	沖縄クエスチョン2009日米行動委員会シンポジウム（ワシントンDC）
2010年	3月	『日米中トライアングルと沖縄クエスチョン』出版
	3月19日	沖縄クエスチョン2009「沖縄フォーラム」（沖縄） 「日米中トライアングルと沖縄クエスチョン 〜安全保障と歴史認識の共有に向けて〜」 上海から3名の有識者が来沖

沖縄クエスチョン 2011「地域安全保障・日米同盟・普天間」

2010年	10月25日	沖縄クエスチョン2009日米行動委員会ワークショップ（東京） 「安全保障、エネルギー、環境に関する地域協力：日米同盟と沖縄にとっての意味」
2011年	9月19日	沖縄クエスチョン2009日米行動委員会シンポジウム（ワシントンDC） 知事キーノートスピーチ「普天間基地は県外に」
	11月	オバマ大統領　豪州ダーウィンにて会見 「在沖海兵隊3300人をダーウィンに移駐する」と発表
2012年	1月	米国新国防戦略発表
	2月8日	在日米軍再編のロードマップ（2006）見直しに関する共同文書を発表
	5月15日	沖縄本土復帰40周年

資料2「沖縄クエスチョン」日米行動委員会——主な活動実績 日米同盟の変遷の中で

沖縄クエスチョン 2004「沖縄クエスチョンと日米同盟」

2003年	10月21～22日	沖縄クエスチョン 2004 日米行動委員会ワークショップ（東京）
	11月	ラムズフェルド長官、沖縄基地視察
2004年	3月11日	沖縄クエスチョン 2004 日米行動委員会シンポジウム（ワシントン DC）
	8月13日	CH-53D ヘリコプター沖縄国際大学へ墜落
2005年	3月	『沖縄クエスチョンと日米同盟』出版（英語版）
	10月29日	日米同盟　未来のための変革と再編

沖縄クエスチョン 2006 「中台関係・日米同盟・沖縄ーその現実的課題を問う」

2005年	11月18日	沖縄クエスチョン 2006 日米行動委員会ワークショップ（ワシントン DC）
2006年	1月	沖縄クエスチョン講演会（沖縄）
	5月1日	再編実施のための日米のロードマップ
	5月17日	沖縄クエスチョン 2006 日米行動委員会シンポジウム（東京）
2007年	1月	沖縄クエスチョン講演会（沖縄）
	5月1日	共同発表　同盟の変革　日米の安全保障及び防衛協力の進展
	5月	『中台関係・日米同盟・沖縄』出版（日本語版・英語版）

資料3

1 SACO中間報告〈仮訳〉

1996年4月15日

池田外務大臣
臼井防衛庁長官
ペリー国防長官
モンデール駐日大使

沖縄に関する特別行動委員会（SACO）は、1995年11月に、日本国政府及び米国政府によって設置された。両国政府は、沖縄県民の負担を軽減し、それにより日米同盟関係を強化するために、SACOのプロセスに着手した。

この共同の努力に着手するに当たり、SACOのプロセスの付託事項及び指針が日米両国政府により合意された。すなわち、日米双方は、日米安保条約及び関連取極の下におけるそれぞれの義務との両立を図りつつ、沖縄県における米軍の施設及び区域を整理、統合、縮小し、また、沖縄県における米軍の運用の方法を調整する方策について、SACOが日米安全保障協議委員会（SCC）に対し勧告を作成することに合意した。このようなSACOの作業は、1年で完了するものとされている。

SACOは、日米合同委員会とともに作業しつつ、一連の集中的かつ綿密な協議を行ってきた。これらの協議の結果、ＳＡＣＯ及び日米合同委員会は、これまでに騒音軽減のイニシアティヴ及び運用の方法の調整などの地位協定に関連する事項に対処するためのいくつかの具体的な措置を公表した。

本日、ＳＣＣにおいて、池田大臣、臼井長官、ペリー長官及びモンデール大使は、これまでにＳＡＣＯにおいて行われてきた協議に基づき、いくつかの重要なイニシアティヴに合意した。これらの措置は、実施されれば、在日米軍の能力及び即応態勢を十分に維持しつつ、沖縄県の地域社会に対する米軍の活動の影響を軽減することとなろう。沖縄県における米軍の施設及び区域の総面積は、約20パーセント減少すると見積もられる。

ＳＣＣは、これらの措置を遅滞なく、適時に実施することの重要性を強調し、ＳＡＣＯに対し、１９９６年11月までに、具体的な実施スケジュールを付した計画を完成し、勧告するよう指示した。米軍の活動の沖縄に対する影響を最小限にするため、日本国政府及び米国政府は以下を実施するため協力する。

土地の返還

普天間飛行場を返還する。

今後５〜７年以内に、十分な代替施設が完成した後、普天間飛行場を返還する。施設の移設を通じて、同飛行場の極めて重要な軍事上の機能及び能力は維持される。このためには、沖縄県における他の米軍の施設及び区域におけるヘリポートの建設、嘉手納飛行場における追加的な施設の整備、ＫＣ−１３０航空機の岩国飛行場への移駐（騒音軽減イニシアティヴの実施を参照。）及び危険に際しての施設の緊急使用についての日米共同の研究が必要となる。

海への出入りを確保した上で北部訓練場の過半を返還する。

米軍による安波訓練場（陸上部分）の共同使用を解除する。

ギンバル訓練場を返還する。

施設は沖縄県における他の米軍の施設及び区域に移設する。

楚辺通信所を返還する。

今後5年の間にキャンプ・ハンセン（中部訓練場）に新たな通信所が建設された後に楚辺通信所を返還する。

読谷補助飛行場を返還する。

パラシュート降下訓練は、移転する。

キャンプ桑江の大部分を返還する。

海軍病院及びキャンプ桑江内のその他の施設を沖縄県における他の米軍の施設及び区域に移設する。

瀬名波通信施設を返還する。

瀬名波通信施設及びこれに関連する施設をトリイ通信所及び沖縄県における他の米軍の施設及び区域に移設し、土地の返還を可能にする。

牧港補給地区の一部を返還する
国道58号に隣接する土地を返還する。

住宅地区の統合により土地を返還する。

沖縄県における米軍住宅地区を統合するための共同計画を作成し、それによって、キャンプ桑江（レスター）及びキャンプ瑞慶覧（フォスター）を含む古い住宅地区の土地の相当な部分の返還を可能にする。

那覇港湾施設の返還を加速化する。

浦添に新たな港湾施設を建設し、那覇港湾施設の返還を可能にする。

訓練及び運用の方法の調整

県道104号線越え実弾砲兵射撃訓練を取りやめる。但し、危機の際に必要な砲兵射撃は除く。155ミリ実弾砲兵射撃訓練は日本本土に移転する。

パラシュート降下訓練を伊江島に移転する。

沖縄県の公道における行軍を取りやめる。

騒音軽減イニシアティヴの実施

日米合同委員会によって公表された嘉手納飛行場及び普天間飛行場における航空機騒音規制措置に関する合意を実施する。

KC－130（ハーキュリーズ）航空機を移駐し、その支援施設を移設し、また、AV－8（ハリアー）航空機を移駐する。

現在普天間飛行場に配備されているKC－130航空機を岩国飛行場に移駐し、その支援施設を岩国飛行場に移設するとともに、ほぼ同数のハリアー航空機を米国へ移駐する。

嘉手納飛行場における海軍のP－3航空機の運用及び支援施設を海軍駐機場から主要滑走路の反対側へ移転し、MC－130航空機の運用を海軍駐機場から移転する。

嘉手納飛行場に新たな遮音壁を設置する。

普天間飛行場における夜間飛行訓練の運用を制限する。

地位協定の運用の改善

米軍航空機の事故についての情報を適時に提供するための新たな手続を確立する。

日米合同委員会の合意を一層公表することを追求する。

米軍の施設及び区域への立入りについてのガイドラインを再点検し、公表する。

米軍の公用車両の表示に関する措置についての合意を実施する。

任意自動車保険に関する教育計画を拡充する。

検疫に関する手続を再点検し、公表する。

キャンプ・ハンセンにおける使用済み弾薬類の除去についてのガイドラインを公表する。

日米双方は、米軍のレクリエーション施設を含め、追加的な事項につき引き続き検討することに合意した。
※傍線は筆者による。
（出典：防衛省ＨＰ〈以下、同じにて省略〉）

２日米同盟：未来のための変革と再編〈仮訳〉

２００５年10月29日

ライス国務長官
ラムズフェルド国防長官
町村外務大臣

大野防衛庁長官

Ⅰ．概　観

日米安全保障体制を中核とする日米同盟は、日本の安全とアジア太平洋地域の平和と安定のために不可欠な基礎である。同盟に基づいた緊密かつ協力的な関係は、世界における課題に効果的に対処する上で重要な役割を果たしており、安全保障環境の変化に応じて発展しなければならない。以上を踏まえ、２００２年12月の安全保障協議委員会以降、日本及び米国は、日米同盟の方向性を検証し、地域及び世界の安全保障環境の変化に同盟を適応させるための選択肢を作成するため、日米それぞれの安全保障及び防衛政策について精力的に協議した。

２００５年２月19日の安全保障協議委員会において、閣僚は、共通の戦略目標についての理解に到達し、それらの目標を追求する上での自衛隊及び米軍の役割・任務・能力に関する検討を継続する必要性を強調した。また、閣僚は、在日米軍の兵力構成見直しに関する協議を強化することとし、事務当局に対して、これらの協議の結果について速やかに報告するよう指示した。

本日、安全保障協議委員会の構成員たる閣僚は、新たに発生している脅威が、日本及び米国を含む世界中の国々の安全に影響を及ぼし得る共通の課題として浮かび上がってきた、安全保障環境に関する共通の見解を再確認した。また、閣僚は、アジア太平洋地域において不透明性や不確実性を生み出す課題が引き続き存在していることを改めて強調し、地域における軍事力の近代化に注意を払う必要があることを強調した。この文脈で、双方は、２００５年2月19日の共同発表において確認された地域及び世界における共通の戦略目標を追求するために緊密に協力するとのコミットメントを改めて強調した。

閣僚は、役割・任務・能力に関する検討内容及び勧告を承認した。また、閣僚は、この報告に含まれた再編に関する勧告を承認した。これらの措置は、新たな脅威や多様な事態に対応するための同盟の能力を向上させるためのものであり、全体として地元に与える負担を軽減するものである。これによって、安全保障が強化され、同盟が地域の安定の礎石であり続けることが確保される。

（中略）

○普天間飛行場移設の加速：沖縄住民が米海兵隊普天間飛行場の早期返還を強く要望し、いかなる普天間飛行場代替施設であっても沖縄県外での設置を希望していることを念頭に置きつつ、双方は、将来も必要であり続ける抑止力を維持しながらこれらの要望を満たす選択肢について検討した。双方は、米海兵隊兵力のプレゼンスが提供する緊急事態への迅速な対応能力は、双方が地域に維持することを望む、決定的に重要な同盟の能力である、と判断した。さらに、双方は、航空、陸、後方支援及び司令部組織から成るこれらの能力を維持するためには、定期的な訓練、演習及び作戦においてこれらの組織が相互に連携し合うことが必要であり続けるということを認識した。このような理由から、双方は、普天間飛行場代替施設は、普天間飛行場に現在駐留する回転翼機が、日常的に活動をともにする他の組織の近くに位置するよう、沖縄県内に設けられなければならないと結論付けた。

○双方は、海の深い部分にある珊瑚礁上の軍民共用施設に普天間飛行場を移設するという、1996年の沖縄に関する特別行動委員会（ＳＡＣＯ）の計画に関連する多くの問題のために、普天間飛行場の移設が大幅に遅延していることを認識し、運用上の能力を維持しつつ、普天間飛行場の返還を加速できるような、沖縄県内での移設のあり得べき他の多くの選択肢を検討した。双方は、この作業において、以下を含む複数の要素を考慮した。

・近接する地域及び軍要員の安全
・普天間飛行場代替施設の近隣で起こり得る、将来的な住宅及び商業開発の態様を考慮した、地元への騒音の影響
・環境に対する悪影響の極小化
・平時及び緊急時において運用上及び任務上の所要を支援するための普天間飛行場代替施設の能力
・地元住民の生活に悪影響を与えかねない交通渋滞その他の諸問題の発生を避けるために、普天間飛行場代替施設の中に必要な運用上の支援施設、宿泊及び関連の施設を含めること

○このような要素に留意しつつ、双方は、キャンプ・シュワブの海岸線の区域とこれに近接する大浦湾の水域を結ぶＬ字型に普天間代替施設を設置する。同施設の滑走路部分は、大浦湾から、キャンプ・シュワブの南側海岸線に沿った水域へと辺野古崎を横切ることになる。北東から南西の方向に配置される同施設の下方部分は、滑走路及びオーバーランを含み、護岸を除いた合計の長さが１８００メートルとなる。格納庫、整備施設、燃料補給用の桟橋及び関連設備、並びに新たな施設の運用上必要なその他の航空支援活動は、代替施設のうち大浦湾内に建設される予定の区域に置かれる。さらに、キャンプ・シュワブ区域内の施設は、普天間飛行場に関連する活動の移転を受け入れるために、必要に応じて、再

編成される。（参照：２００５年10月26日付のイニシャルされた概念図）
○両政府は、普天間飛行場に現在ある他の能力が、以下の調整が行われた上で、ＳＡＣＯ最終報告にあるとおり、移設され、維持されることで一致した。
・ＳＡＣＯ最終報告において普天間飛行場から岩国飛行場に移駐されることとなっているＫＣ－１３０については、他の移駐先として、海上自衛隊鹿屋基地が優先して、検討される。双方は、最終的な配置の在り方については、現在行われている運用上及び技術上の検討を基に決定することとなる。
・緊急時における航空自衛隊新田原基地及び築城基地の米軍による使用が強化される。この緊急時の使用を支援するため、これらの基地の運用施設が整備される。また、整備後の施設は、この報告の役割・任務・能力の部分で記載されている、拡大された二国間の訓練活動を支援することとなる。
・普天間飛行場代替施設では確保されない長い滑走路を用いた活動のため、緊急時における米軍による民間施設の使用を改善する。
○双方は、上述の措置を早期に実現することが、長期にわたり望まれてきた普天間飛行場返還の実現に加えて、沖縄における海兵隊のプレゼンスを再編する上で不可欠の要素であることを認識した。
○兵力削減：上記の太平洋地域における米海兵隊の能力再編に関連し、第3海兵機動展開部隊（IIIＭＥＦ）司令部はグアム及び他の場所に移転され、また、残りの在沖縄海兵隊部隊は再編されて海兵機動展開旅団（ＭＥＢ）に縮小される。この沖縄における再編は、約７０００名の海兵隊将校及び兵員、並びにその家族の沖縄外への移転を含む。これらの要員は、海兵隊航空団、戦務支援群及び第3海兵師団の一部を含む、海兵隊の能力（航空、陸、後方支援及び司令部）の各組織の部隊から移転される。

（後略）

※傍線は筆者による。

3 再編実施のための日米のロードマップ

平成18年5月1日

ライス国務長官

ラムズフェルド国防長官

麻生外務大臣

額賀防衛庁長官

概観

２００5年10月29日、日米安全保障協議委員会の構成員たる閣僚は、その文書「日米同盟：未来のための変革と再編」において、在日米軍及び関連する自衛隊の再編に関する勧告を承認した。その文書において、閣僚は、それぞれの事務当局に対して、「これらの個別的かつ相互に関連する具体案を最終的に取りまとめ、具体的な実施日程を含めた計画を２００6年3月までに作成するよう」指示した。この作業は完了し、この文書に反映されている。

再編案の最終取りまとめ

個別の再編案は統一的なパッケージとなっている。これらの再編を実施することにより、同盟関係にとって死活的に重要な在日米軍のプレゼンスが確保されることとなる。

これらの案の実施における施設整備に要する建設費その他の費用は、明示されない限り日本国政府が負担するものである。米国政府は、これらの案の実施により生ずる運用上の費用を負担する。両政府は、再編に関連する費用を、地元の負担を軽減しつつ抑止力を維持するという、2005年10月29日の日米安全保障協議委員会文書におけるコミットメントに従って負担する。

実施に関する主な詳細

1．沖縄における再編

（a）普天間飛行場代替施設

●日本及び米国は、普天間飛行場代替施設を、辺野古岬とこれに隣接する大浦湾と辺野古湾の水域を結ぶ形で設置し、V字型に配置される2本の滑走路はそれぞれ1600メートルの長さを有し、2つの100メートルのオーバーランを有する。各滑走路の在る部分の施設の長さは、護岸を除いて1800メートルとなる（別添の2006年4月28日付概念図参照）。この施設は、合意された運用上の能力を確保するとともに、安全性、騒音及び環境への影響という問題に対処するものである。

●合意された支援施設を含めた普天間飛行場代替施設をキャンプ・シュワブ区域に設置するため、キャンプ・シュワブの施設及び隣接する水域の再編成などの必要な調整が行われる。

●普天間飛行場代替施設の建設は、２０１４年までの完成が目標とされる。
●普天間飛行場代替施設への移設は、同施設が完全に運用上の能力を備えた時に実施される。
●普天間飛行場の能力を代替することに関連する、航空自衛隊新田原基地及び築城基地の緊急時の使用のための施設整備は、実地調査実施の後、普天間飛行場の返還の前に、必要に応じて、行われる。
●民間施設の緊急時における使用を改善するための所要が、二国間の計画検討作業の文脈で検討され、普天間飛行場の返還を実現するために適切な措置がとられる。
●普天間飛行場代替施設の工法は、原則として、埋立てとなる。
●米国政府は、この施設から戦闘機を運用する計画を有していない。

(b) 兵力削減とグアムへの移転

●約８０００名の第3海兵機動展開部隊の要員と、その家族約９０００名は、部隊の一体性を維持するような形で２０１４年までに沖縄からグアムに移転する。移転する部隊は、第3海兵機動展開部隊の指揮部隊、第3海兵師団司令部、第3海兵後方群（戦務支援群から改称）司令部、第1海兵航空団司令部及び第12海兵連隊司令部を含む。
●対象となる部隊は、キャンプ・コートニー、キャンプ・ハンセン、普天間飛行場、キャンプ瑞慶覧及び牧港補給地区といった施設から移転する。
●沖縄に残る米海兵隊の兵力は、司令部、陸上、航空、戦闘支援及び基地支援能力といった海兵空地任務部隊の要素から構成される。
●第3海兵機動展開部隊のグアムへの移転のための施設及びインフラの整備費算定額１０２・７億ドルのうち、日本は、これらの兵力の移転が早期に実現されることへの沖縄住民の強い希望を認識しつつ、これらの兵力の移転が可能となるよう、グアムにおける施設及びインフラ整備のため、28億ドルの直接的な財政支援を含め、60・9億ドル（2008米会計年度の価格）を提供する。米国は、グアムへの移転のための施設及びインフラ整備費の残りを負担する。これは、2008米会計年度の価格で算定して、財政支出31・8億ドルと道路のための約10億ドルから成る。

（後略）

※傍線は筆者による。

4 共同発表：日米安全保障協議委員会（「2＋2」）〈仮訳〉

2010年5月28日

岡田外務大臣
北澤防衛大臣
クリントン国務長官
ゲイツ国防長官

2010年5月28日、日米安全保障協議委員会（SCC）の構成員たる閣僚は、日米安全保障条約の署名50周年に当たる本年、日米同盟が日本の防衛のみならず、アジア太平洋地域の平和、安全及び繁栄にとっても引き続き不可欠であることを再確認した。北東アジアにおける安全保障情勢の最近の展開により、日米同盟の意義が再確認された。この点に関し、米国は、日本の安全に対する米国の揺るぎない決意を再確認した。日本は、地域の平和及び安定に寄与する上で積極的な役割を果たすとの決意を再確認した。さらに、ＳＣＣの構成員たる閣僚は、沖縄を含む日本における米軍の堅固な前方のプレゼンスが、日本を防衛し、地域の安定を維持するために必要な抑止力と能力を提供することを認識した。ＳＣＣの構成員たる閣僚は、日米同盟を21世紀の新たな課題にふさわしいものとすることができるよう幅広い分野における安全保障協力を推進し、深化させていくことを決意した。

閣僚は、沖縄を含む地元への影響を軽減するとの決意を再確認し、これによって日本における米軍の持続的なプレゼンスを確保していく。この文脈において、ＳＣＣの構成員たる閣僚は、同盟の変革と再編のプロセスの一環として、普天間飛行場を移設し、同飛行場を日本に返還するとの共通の決意を表明した。

閣僚は、このＳＣＣ発表によって補完された、２００６年5月1日のＳＣＣ文書「再編の実施のための日米ロードマップ」に記された再編案を着実に実施する決意を確認した。

閣僚は、２００９年2月17日の在沖縄海兵隊のグアム移転に係る協定（グアム協定）に定められたように、第三海兵機動展開部隊（ＭＥＦ）の要員約８０００人及びその家族約９０００人の沖縄からグアムへの移転は、代替の施設の完成に向けての具体的な進展にかかっていることを再確認した。グアムへの移転は、嘉手納以南の大部分の施設の統合及び返還を実現するものである。

このことを念頭に、両政府は、この普天間飛行場の移設計画が、安全性、運用上の所要、騒音による影響、環境面の考慮、地元への影響等の要素を適切に考慮しているものとなるよう、これを検証し、確認する意図を有する。

両政府は、オーバーランを含み、護岸を除いて1800mの長さの滑走路を持つ代替の施設をキャンプ・シュワブ辺野古崎地区及びこれに隣接する水域に設置する意図を確認した。

普天間飛行場のできる限り速やかな返還を実現するために、閣僚は、代替の施設の位置、配置及び工法に関する専門家による検討を速やかに（いかなる場合でも2010年8月末日までに）完了させ、検証及び確認を次回のSCCまでに完了させることを決定した。

両政府は、代替の施設の環境影響評価手続及び建設が著しい遅延がなく完了できることを確保するような方法で、代替の施設を設置し、配置し、建設する意図を確認した。

閣僚は、沖縄の人々が、米軍のプレゼンスに関連して過重な負担を負っており、その懸念にこたえることの重要性を認識し、また、共有された同盟の責任のより衡平な分担が、同盟の持続的な発展に不可欠であることを認識した。上記の認識に基づき、閣僚は、代替の施設に係る進展に従い、次の分野における具体的な措置が速やかにとられるよう指示した。

訓練移転

両政府は、二国間及び単独の訓練を含め、米軍の活動の沖縄県外への移転を拡充することを決意した。この関連で、適切な施設が整備されることを条件として、徳之島の活用が検討される。日本本土の自衛隊の施設・区域も活用され得る。両政府は、また、グアム等日本国外への訓練の移転を検討することを決意した。

環境

環境保全に対する共有された責任の観点から、閣僚は、日米両国が我々の基地及び環境に対して、

「緑の同盟」のアプローチをとる可能性について議論するように事務当局に指示した。「緑の同盟」に関する日米の協力により、日本国内及びグアムにおいて整備中の米国の基地に再生可能エネルギーの技術を導入する方法を、在日米軍駐留経費負担（ＨＮＳ）の一構成要素とすることを含め、検討することになる。

閣僚は、環境関連事故の際の米軍施設・区域への合理的な立入り、返還前の環境調査のための米軍施設・区域への合理的な立入りを含む環境に関する合意を速やかに、かつ、真剣に検討することを、事務当局に指示した。

施設の共同使用

両政府は、二国間のより緊密な運用調整、相互運用性の改善及び地元とのより強固な関係に寄与するような米軍と自衛隊との間の施設の共同使用を拡大する機会を検討する意図を有する。

訓練区域

両政府は、ホテル・ホテル訓練区域の使用制限の一部解除を決定し、その他の措置についての協議を継続することを決意した。

グアム移転

両政府は、２００９年2月17日のグアム協定に従い、ⅢＭＥＦの要員約８０００人及びその家族約９０００人の沖縄からグアムへの移転が着実に実施されることを確認した。このグアムへの移転は、代替の施設の完成に向けての日本政府による具体的な進展にかかっている。米側は、地元の懸念に配慮しつつ、抑止力を含む地域の安全保障全般の文脈において、沖縄に残留するⅢＭＥＦの要員の部隊構成を検討する。

嘉手納以南の施設・区域の返還の促進

両政府は、嘉手納以南の施設・区域の返還が、「再編の実施のための日米ロードマップ」に従って着実に実施されることを確認した。加えて、両政府は、キャンプ瑞慶覧（キャンプ・フォスター）の「インダストリアル・コリドー」及び牧港補給地区（キャンプ・キンザー）の一部が早期返還における優先分野であることを決定した。

嘉手納の騒音軽減

両政府は、航空訓練移転プログラムの改善を含む沖縄県外における二国間及び単独の訓練の拡充、沖縄に関する特別行動委員会（ＳＡＣＯ）の最終報告の着実な実施等の措置を通じた、嘉手納における更なる騒音軽減への決意を確認した。

沖縄の自治体との意思疎通及び協力

両政府は、米軍のプレゼンスに関連する諸問題について、沖縄の自治体との意思疎通を強化する意図を確認した。両政府は、ＩＴイニシアチブ、文化交流、教育プログラム、研究パートナーシップ等の分野における協力を探究することを決意した。

安全保障協力を深化させるための努力の一部として、ＳＣＣの構成員たる閣僚は、地域の安全保障環境及び共通の戦略目標を推進するに当たっての日米同盟の役割に関する共通の理解を確保することの重要性を強調した。この目的のため、ＳＣＣの構成員たる閣僚は、現在進行中の両国間の安全保障に係る対話を強化することを決意した。この安全保障に係る対話においては、伝統的な安全保障上の脅威に取り組むとともに、新たな協力分野にも焦点を当てる。

5 共同発表：日米安全保障協議委員会（「２＋２」）〈仮訳〉

２０１２年４月27日

玄葉外務大臣
田中防衛大臣
クリントン国務長官
パネッタ国防長官

日米安全保障協議委員会（ＳＣＣ）は、在沖縄米海兵隊の兵力を含む、日本における米軍の堅固なプレゼンスに支えられた日米同盟が、日本を防衛し、アジア太平洋地域の平和、安全及び経済的繁栄を維持するために必要な抑止力と能力を引き続き提供することを再確認した。

ますます不確実となっているアジア太平洋地域の安全保障環境に鑑み、閣僚は、２０１１年６月21日のＳＣＣ共同発表に掲げる共通の戦略目標を進展させるとのコミットメントを強調した。また、閣僚は、その共同発表に沿って二国間の安全保障及び防衛協力を強化し、アジア太平洋地域の諸国への関与を強化するための方途を明らかにするとの意図を表明した。

日本国政府は、2012年1月に米国政府により国防省の新たな戦略指針が発表され、アジア太平洋地域に防衛上の優先度を移すとの米国の意図が示されたことを歓迎した。また、日本国政府は、同地域における外交的関与を推進しようとする米国の取組を歓迎した。

SCCは、両国間に共有されるパートナーシップの目標を達成するため、2006年5月1日のSCC文書「再編の実施のための日米ロードマップ」（再編のロードマップ）に示された計画を調整することを決定した。閣僚は、これらの調整の一部として、第3海兵機動展開部隊（ⅢMEF）の要員の沖縄からグアムへの移転及びその結果として生ずる嘉手納飛行場以南の土地の返還の双方を、普天間飛行場の代替施設に関する進展から切り離すことを決定した。

閣僚は、これらの調整が、アジア太平洋地域において、地理的により分散し、運用面でより抗堪性があり、政治的により持続可能な米軍の態勢を実現するために必要であることを確認した。これらの調整は、抑止力を維持し、地元への米軍の影響を軽減するとの再編のロードマップの基本的な目標を変更するものではない。また、これらの調整は、米軍と自衛隊の相互運用性を強化し、戦略的な拠点としてのグアムの発展を促進するものである。

また、閣僚は、第Ⅰ部に示す部隊構成が日米同盟の抑止力を強化するものであることを確認した。さらに、閣僚は、同盟の抑止力が、動的防衛力の発展及び南西諸島を含む地域における防衛態勢の強化といった日本の取組によって強化されることを強調した。また、閣僚は、適時かつ効果的な共同訓練、共同の警戒監視・偵察活動及び施設の共同使用を含む二国間の動的防衛協力が抑止力を強化することに留意した。

Ⅰ．グアム及び沖縄における部隊構成

閣僚は、沖縄及びグアムにおける米海兵隊の部隊構成を調整するとの意図を表明した。再編のロードマップの後、在沖縄米海兵隊の兵力の定員が若干増加したことから、また、移転する部隊及び残留する部隊の運用能力を最大化するため、両政府は、グアム及び沖縄における米海兵隊の兵力の最終的な構成に関する一定の調整を決定した。米国は、地域における米海兵隊の兵力の前方プレゼンスを引き続き維持しつつ、地理的に分散された兵力態勢を構築するため、海兵空地任務部隊（ＭＡＧＴＦ）を沖縄、グアム及びハワイに置くことを計画しており、ローテーションによるプレゼンスを豪州に構築する意図を有する。この見直された態勢により、より高い能力を有する米海兵隊のプレゼンスが各々の場所において確保され、抑止力が強化されるとともに、様々な緊急の事態に対して柔軟かつ迅速な対応を行うことが可能となる。閣僚は、これらの措置が日本の防衛、そしてアジア太平洋地域全体の平和及び安定に寄与することを確認した。閣僚は、約９０００人の米海兵隊の要員がその家族と共に沖縄から日本国外の場所に移転されることを確認した。沖縄に残留する米海兵隊の兵力は、第3海兵機動展開部隊司令部、第1海兵航空団司令部、第3海兵後方支援群司令部、第31海兵機動展開隊及び海兵隊太平洋基地の基地維持要員の他、必要な航空、陸上及び支援部隊から構成されることとなる。閣僚は、沖縄における米海兵隊の最終的なプレゼンスを再編のロードマップに示された水準に従ったものとするとのコミットメントを再確認した。米国政府は、日本国政府に対し、同盟に関するこれまでの協議の例により、沖縄における米海兵隊部隊の組織構成の変更を伝達することとなる。米国は、第3海兵機動展開旅団司令部、第4海兵連隊並びに第3海兵機動展開部隊の航空、陸上及び支援部隊の要素から構成される、機動的な米海兵隊のプレゼンスをグアムに構築するため作業を行っている。グアムには基地維持要員も設置される。グアムにおける米海兵隊の兵力の定員は、約５０００人になる。これらの調整に関連し、米国政府は、日本国政府に対し、ローテーションによる米海兵隊のプレゼンスを豪州に構築しつつあり、また、ハワイにおける運用能力の強化のために米海兵隊の他の要員を同地に移転することを報告した。これらの移転を実施するに当たって、米国政府は、西太平洋地域において、同政府の現在の軍事的プレゼンスを維持し、軍事的な能力を強化するとの同政府のコミットメントを再確認した。沖縄における米軍のプレゼンスの長期的な持続可能性を強化するため、適切な受入施設が利用可能となる際に、前述の沖縄からの米海兵隊部隊の移転が実現する。沖縄の住民の強い希望を認識し、これらの移転は、そのプロセスを通じて運用能力を確保しつつ、可能な限り早急に完了させる。前述の海兵隊の要員のグアムへの移転に係る米国政府による暫定的な費用見積りは、米国の２０１２会計年度ドルで86億米ドルである。グアムにおける機動的な米海兵隊のプレゼンスの構築を促進するため、また、前述の部隊構成を考慮して、両政府は、日本の財政的コミットメントが、２００９年のグアム協定の第1条に規定された直接的な資金の提供となることを再確認した。両政府は、グアム移転のための日本による他の形態での財政支援は利用しないことを確認した。第Ⅱ部に示す訓練場の整備のための日本からの貢献がある場合、これは、前述のコミットメントの一部となる。残りの費用及びあり得べき追加的な費用は、米国政府が負担する。２００９年のグアム協定の下で日本国政府から米国政府に対し既に移転された資金は、この日本による資金の提供の一部となる。両政府は、二国間で費用内訳を完成させる。両政府は、２００９年のグアム協定に鑑みてとるべき更なる措置についても協議する。閣僚は、これらのイニシアティブの計画上及び技術上の詳細に関して引き続き双方において立法府と協議することの重要性に留意した。

Ⅱ．地域の平和、安定及び繁栄を促進するための新たなイニシアティブ

閣僚は、アジア太平洋地域における平和、安定及び繁栄の促進のために協力すること並びに効果的、効率的、創造的な協力を強化することが極めて重要であることを確認した。この文脈で、米国政府は、訓練や演習を通じてこの地域の同盟国及びパートナー国がその能力を構築することを引き続き支援する考えである。一方、日本国政府は、例えば沿岸国への巡視船の提供といった政府開発援助（ODA）の戦略的な活用を含むこの地域の安全の増進のための様々な措置をとる考えである。両政府は、戦略的な拠点としてグアムを発展させ、また、米軍のプレゼンスの地元への影響を軽減するため、変化する安全保障環境についての評価に基づき、地域における二国間の動的防衛協力を促進する新たな取組を探求する考えである。両政府は、グアム及び北マリアナ諸島連邦における自衛隊及び米軍が共同使用する施設としての訓練場の整備につき協力することを検討する。両政府は、2012年末までにこの点に関する具体的な協力分野を特定する。

Ⅲ．沖縄における基地の統合及び土地の返還

以下の6つの施設・区域の全面的又は部分的な返還について、再編のロードマップから変更はない。

- キャンプ桑江（キャンプ・レスター）：全面返還。
- キャンプ瑞慶覧（キャンプ・フォスター）：部分返還及び残りの施設とインフラの可能な限りの統合。
- 普天間飛行場：全面返還。
- 牧港補給地区（キャンプ・キンザー）：全面返還。
- 那覇港湾施設：全面返還（浦添に建設される新たな施設（追加的な集積場を含む。）に移設）。
- 陸軍貯油施設第1桑江タンク・ファーム：全面返還。

米国は、対象となっている米海兵隊の兵力が沖縄から移転し、また、沖縄の中で移転する部隊等の機関のための施設が使用可能となるに伴い、土地を返還することにコミットした。日本国政府は、残留する米海兵隊の部隊のための必要な住宅を含め、返還対象となる施設に所在し、沖縄に残留する部隊が必要とする全ての機能及び能力を米国政府と調整しつつ移設する責任に留意した。必要に応じて地元との調整が行われる。前述の施設・区域の土地は、可能になり次第返還される。沖縄に関する特別行動委員会（SACO）による移設・返還計画は、再評価が必要となる可能性がある。沖縄における米軍による影響をできる限り早期に軽減するため、両政府は、米軍により使用されている以下の区域が返還可能となることを確認した。

—閣僚は、以下の区域が、必要な手続の完了後に速やかに返還可能となることを確認した。
・キャンプ瑞慶覧（キャンプ・フォスター）の西普天間住宅地区
・牧港補給地区（キャンプ・キンザー）の北側進入路
・牧港補給地区の第5ゲート付近の区域
・キャンプ瑞慶覧の施設技術部地区内の倉庫地区の一部（他の場所での代替の倉庫の提供後）
—閣僚は、以下の区域が、沖縄において代替施設が提供され次第、返還可能となることを確認した。
・キャンプ桑江（キャンプ・レスター）
・キャンプ瑞慶覧のロウワー・プラザ住宅地区、喜舎場住宅地区の一部及びインダストリアル・コリドー
・牧港補給地区の倉庫地区の大半を含む部分

・那覇港湾施設
・陸軍貯油施設第1桑江タンク・ファーム
―閣僚は、以下の区域が、米海兵隊の兵力が沖縄から日本国外の場所に移転するに伴い、返還可能となることを確認した。
・キャンプ瑞慶覧の追加的な部分
・牧港補給地区の残余の部分

移設に係る措置の順序を含む沖縄に残る施設・区域に関する統合計画を、キャンプ瑞慶覧（キャンプ・フォスター）の最終的な在り方を決定することに特に焦点を当てつつ、2012年末までに共同で作成する。この取組においては、今般見直された部隊構成により必要とされるキャンプ瑞慶覧における土地の使用及び沖縄における施設の共同使用によって生じ得る影響についても検討する。閣僚は、施設の共同使用が再編のロードマップの重要な目標の一つであることに留意した。この統合計画はできる限り速やかに公表される。閣僚は、この統合計画を作成し、また監督するための、本国の適切な担当者も参加する作業部会の設置を歓迎した。

Ⅳ．普天間飛行場の代替施設及び普天間飛行場

閣僚は、運用上有効であり、政治的に実現可能であり、財政的に負担可能であって、戦略的に妥当であるとの基準を満たす方法で、普天間飛行場の移設に向けて引き続き取り組むことを決意する。閣僚は、キャンプ・シュワブ辺野古崎地区及びこれに隣接する水域に建設することが計画されている普天間飛行場の代替施設が、引き続き、これまでに特定された唯一の有効な解決策であるとの認識を再確認した。

閣僚は、同盟の能力を維持しつつ、普天間飛行場の固定化を避けるため、普天間飛行場の代替施設に

係る課題をできる限り速やかに解決するとのコミットメントを確認した。

両政府は、普天間飛行場において、同飛行場の代替施設が完全に運用可能となるまでの安全な任務能力の保持、環境の保全等の目的のための必要な補修事業について、個々の案件に応じ、また、在日米軍駐留経費負担を含め、既存の二国間の取決めに従って、相互に貢献するとのコミットメントを表明した。個別の補修事業に関する二国間の協議は、再編案に関する協議のためのものとは別のチャネルを通じて行われ、初期の補修事業は２０１２年末までに特定される。

結び

閣僚は、この共同発表において緊密かつ有益な協力が具体化されたことを歓迎し、調整された再編のパッケージを双方において立法府と協議しつつ、速やかに実施するよう指示した。さらに、閣僚は、このパッケージがより深化し拡大する日米同盟の強固な基盤となるとの確信を表明した。閣僚は、普天間飛行場の代替施設の環境影響評価プロセスの進展、グアムへの航空機訓練移転計画の拡充、航空自衛隊航空総隊司令部の横田飛行場への移転、陸上自衛隊中央即応集団司令部のキャンプ座間への移転の進展を含む、２０１１年６月に行われた前回のＳＣＣ会合以降の再編案に関する多くの重要な進展に留意した。閣僚は、変化していく地域及び世界の安全保障環境の課題に対し、日米同盟を強化するために、再編に関する目標に向けて更なる進展を達成し、また、より広い観点から、日米同盟における役割・任務・能力（ＲＭＣ）を検証する意図を表明した。

※傍線は筆者による。

6 日米安全保障協議委員会共同発表：より力強い同盟とより大きな責任の共有に向けて〈仮訳〉

２０１３年10月３日

岸田外務大臣
小野寺防衛大臣
ケリー国務長官
ヘーゲル国防長官

２０１３年10月３日、日米安全保障協議委員会（ＳＣＣ）は、日本の外務大臣及び防衛大臣並びに米国の国務長官及び国防長官の出席を得て、東京で開催された。この歴史的な会合の機会に、ＳＣＣは、国際の平和と安全の維持のために両国が果たす不可欠な役割を再確認し、核及び通常戦力を含むあらゆる種類の米国の軍事力による日本の安全に対する同盟のコミットメントを再確認した。双方はまた、民主主義、法の支配、自由で開放的な市場及び人権の尊重という両国が共有する価値を反映し、アジア太平洋地域において平和、安全、安定及び経済的な繁栄を効果的に促進する戦略的な構想を明らかにした。

ＳＣＣ会合において、閣僚は、アジア太平洋地域において変化する安全保障環境について意見を交換し、日米同盟の能力を大きく向上させるためのいくつかの措置を決定した。より力強い同盟とより大きな責任の共有のための両国の戦略的な構想は、１９９７年の日米防衛協力のための指針の見直し、アジア太平洋地域及びこれを超えた地域における安全保障及び防衛協力の拡大、並びに在日米軍の再編を支える新たな措置の承認を基礎としていく。米国はまた、地域及び世界の平和と安全に対してより積極的に貢献するとの日本の決意を歓迎した。閣僚は、地域及び国際社会におけるパートナーとの多国間の協力の重要性を強調した。

米国は、アジア太平洋地域重視の取組を引き続き進めており、同盟が、宇宙及びサイバ空間といった新たな戦略的領域におけるものを含め、将来の世界及び地域の安全保障上の課題に対処することができるよう、軍事力を強化する意図を有する。閣僚は、在日米軍の再編が、米国のプレゼンスについて、抑止力を維持し、日本の防衛と地域の緊急事態への対処のための能力を提供し、同時に政治的に持続可能であり続けることを確保するものであることを強調した。この文脈で、閣僚は、普天間飛行場の代替施設（ＦＲＦ）の建設及び米海兵隊のグアムへの移転を含め、在日米軍の再編に関する合意を完遂するという継続的な共通のコミットメントを改めて表明し、これに関する進展を歓迎した。

（後略）